PETITE ENCYCLOPÉDIE PYRÉNÉENNE

I

GUIDE

DU

GÉOLOGUE

DANS LES

PYRÉNÉES CENTRALES

PAR

ÉMILIEN FROSSARD, P.

AVEC UN PLAN

BAGNÈRES-DE-BIGORRE

CHEZ P. PLASSOT, IMPRIMEUR-LIBRAIRE

GUIDE

DU GÉOLOGUE

DANS LES

PYRÉNÉES CENTRALES.

Bagnères, Imprimerie de P. Plassot, promenade des Coustous.

GUIDE

DU

GÉOLOGUE

DANS LES

PYRÉNÉES CENTRALES

PAR

ÉMILIEN FROSSARD, Pr

———o○○○○○○———

BAGNÈRES-DE-BIGORRE

CHEZ P. PLASSOT, IMPRIMEUR-LIBRAIRE

PROMENADE DES COUSTOUS

—

1858

INTRODUCTION.

———•◇•———

La Géologie est encore bien loin d'avoir dit son
dernier mot dans nos contrées à peine explorées,
et lorsque plusieurs encore, marchant sur les
traces des Ramond, des Palassou, des Charpentier, des Dietrich, des Cordier, des Leymerie
auront multiplié les observations de détail, rec-
tifié les erreurs de leurs devanciers, exploré des
régions rarement visitées, on verra sûrement
surgir un homme supérieur qui groupera ces
faits divers, les coordonnant en un seul tout
harmonieux, nous disant avec autorité l'histoire
de ces vastes soulèvements, le secret de ces
grandes révolutions, les péripéties de ces impo-
sants cataclysmes, les périodes millénaires de
ces fantastiques créations, depuis les époques de
transition où les Goniatites et les Orthocératee
pélagiennes nageaient sur les vastes solitudes
des mers primitives, jusqu'aux temps pré-ada-
miques où les Aurochs ruminaient dans nos

déserts, où les Rhinocéros se vautraient dans la fange de nos étangs, et où le Dinothérium gigantesque ravageait nos forêts. Vienne bientôt le nouveau Cuvier, qui déroulera devant nous ce vaste et magnifique tableau. En attendant ces grands travaux d'ensemble, l'étranger qui arrive chaque année dans nos vallées demande l'aide d'un guide qui, dépositaire des connaissances que la tradition a conservées, aguerri lui-même aux explorations, lui épargne les ennuis de stériles tâtonnements, économise son temps précieux en le mettant tout d'un coup au courant de ce qui est déjà acquis à la science, lui offrant dans une *feuille à la main* le programme de la journée, l'inventaire abrégé des trésors pyrénéens et le catalogue du grand musée étalé par la bonne nature. Et ce n'est pas le savant seulement qui demande ces premières directions; le simple curieux, l'homme du monde, comme on dit, désirent connaître quelques-uns des trésors, ou du moins des objets d'observation qu'ils foulent aux pieds sans y prendre garde. Le temps où les voyageurs dédaignaient de telles études est passé, notre âge plus sérieux, plus positif appelle tous les hommes à considérer d'une manière plus soigneuse ce temple magnifique du monde extérieur dont Dieu les a faits les locataires sinon les intendants. Une telle contemplation est bonne en soi, elle conduit plus loin d'ordinaire, du moins elle occupe utilement l'esprit, et prend dans l'âme la place de plusieurs choses mauvaises.

Les pages suivantes sont destinées à offrir à l'étranger les premiers renseignements nécessaires à ces intéressantes explorations. L'auteur, qui a borné ses études à la partie centrale de la chaîne, s'estimera heureux s'il peut contribuer à encourager les voyageurs à ces études charmantes qui sont destinées à laisser dans l'esprit de ceux qui s'y adonnent d'utiles et de précieux souvenirs, quand bien même elles ne reculeraient pas les bornes d'une science qui sort aujourd'hui des ténèbres vaporeuses de stériles théories, pour rentrer dans le domaine des faits positifs ou désormais incontestés (*).

Afin de donner à cet opuscule un caractère plus essentiellement pratique, après avoir présenté un aperçu général sur la constitution géologique de la partie des Pyrénées qui est la plus fréquentée, en suivant rigoureusement les classifications données par la science moderne, l'auteur offrira à ses lecteurs des itinéraires destinés à les introduire dans les vallées les plus

---

(*) On retrouvera dans ce petit ouvrage plusieurs éléments, mais non la reproduction complète de trois séances que l'auteur a offertes, l'hiver dernier, au public de Tarbes. On comprendra comment il a dû élaguer des développements qui étaient destinés à détruire la monotonie d'une conférence trop sérieusement scientifique, et, d'un autre côté, consigner des nomenclatures qu'un explorateur a le droit de demander à son guide.

importantes en leur indiquant les objets d'observation les plus dignes de les arrêter.

Nous écrivons pour les faibles, nous prions
les forts de nous aider de leur indulgence, et
surtout de leurs précieuses remarques, car nous
ne prétendons pas dire ici notre dernier mot.

GUIDE
DU GÉOLOGUE

DANS LES

PYRÉNÉES CENTRALES.

APERÇUS GÉNÉRAUX.

La *Géologie* est cette branche des connaissances humaines qui a pour objet l'étude de la formation primitive du globe terrestre et des modifications qu'il a subies ultérieurement.

Elle comprend la *Géographie physique* qui nous fait connaître la configuration générale de la surface de la terre; la *Stratigraphie*, ou l'étude des couches qui constituent la croûte terrestre; l'*Orographie*, ou la description des montagnes et leur nivellement; la *Minéralogie*, ou la connaissance des substances qui la composent, et la *Paléontologie,* ou l'énumération et la monographie des vestiges laissés par les corps organisés qui peuplaient ses continents et ses océans anciens.

L'histoire de la Géologie ressemble à celle de
la plupart des autres sciences. Elle a commencé
par un roman. Et comme l'astronomie naquit
de l'astrologie, comme la chimie trouva ses
premiers éléments dans les découvertes des
chercheurs d'or, la Géologie fut un sage retour
à une saine méthode d'observation après l'âge
des naturalistes-poètes qui rêvaient des *Théories
de la terre.*

Aujourd'hui, on s'accorde généralement à
croire qu'à une époque qui se perd dans la nuit
des temps, une masse de matière cosmique,
détachée peut-être de l'atmosphère du soleil,
lancée dans l'espace en divers éclats, forma le
noyau initiateur des planètes et des satellites
qui gravitent autour du centre de notre système
sidéral.

Ces masses, par un effet de l'attraction moléculaire, prirent aussitôt la forme sphéroïdale que
nous leur connaissons aujourd'hui ; elles doivent
probablement à la pression centripète des particules qui les composaient, l'extrême chaleur qui
les retint longtemps dans un état de fluidité
qu'elles possèdent encore, du moins en partie.

Qu'on se représente donc notre globe sous
l'aspect d'une masse incandescente et molle
suspendue dans le ciel planétaire. Par suite des
rayonnements constants du calorique vers les
espaces infinis, la surface de cette terre en formation se refroidit graduellement et s'enveloppa
d'une croûte solide que le retrait, les gerçures

et les scories durent rendre originairement ru-
gueuse et inégale.

Ces inégalités devinrent graduellement plus
considérables par suite de la contraction générale
de la croûte primitive, due à la cristallisation
et à l'oxidation des substances qui la composaient, et qui, pressant les masses intérieures
en fusion, tendait à faire épancher leur superflu
à la surface. Cette surface elle-même, exposée à
l'action des eaux qui commençaient à se con-
denser sur les parties refroidies et aux influences
des agents atmosphériques, tendait à se détério-
rer et à former des dépôts superficiels composés
de débris et de limons. De nouvelles éjections,
issues du sein de la terre, vinrent troubler ces
dépôts, soulever leurs couches, altérer leur
nature et former de nouvelles gibbosités sur la
face de la terre. Ainsi se produisirent trois
ordres de phénomènes auxquels nous devons
la formation des montagnes et des continents :
1° l'éjection lente ou spontanée, par voie de
suintement ou par voie d'éruption volcanique,
des matières incandescentes; 2° le dépôt successif
de débris sous forme de couches horizontales
amoncelées dans le sein des eaux ; 3° l'action
perturbatrice des éjections ignées sur ces formations sédimentaires, connue aujourd'hui sous le
nom de métamorphisme. Ces phénomènes feront
le sujet des trois chapitres suivants.

I.

ROCHES D'ÉJECTIONS IGNÉES.

Les roches dont nous allons parler s'appe-
laient naguère *roches primitives*, parce qu'on
les considérait comme ayant été formées plus
anciennement que toutes les autres. Toutefois,
comme il est démontré aujourd'hui que leur
apparition a eu lieu en divers temps, et pour
quelques-unes même à des époques postérieures
à la formation de certains dépôts anciennement
appelés *secondaires*, cette désignation a cessé
d'être exacte.

Elles ont aussi porté le nom de roches de
cristallisation parce qu'en général elles offrent
un aspect cristallin ; mais comme elles ne sont
pas les seules qui présentent ce caractère, il
faut aussi renoncer à cette désignation.

Nous préférons les appeler *roches pyroïdes*
(d'origine ignée), parce qu'on admet généralement qu'elles ont été formées sous l'influence
du feu.

On les divise en deux classes : les roches volcaniques et les roches plutoniques.

A. ROCHES VOLCANIQUES.

On appelle *roches volcaniques* celles qui ont été ou qui sont encore de nos jours rejetées à la surface de la terre par les volcans.

Ces roches sont : *le basalte, le trachyte, le phonolite, les laves, cendres,* etc.

Nous ne parlons ici de ces roches que pour mémoire, car jusqu'ici on n'a pu reconnaître l'existence d'aucun produit volcanique bien déterminé dans toute l'étendue de la chaîne des Pyrénées, depuis la Bidassoa jusqu'au cap Creuz. Il semble étrange qu'une chaîne aussi considérable, qui touche à deux mers, et dont le nom, dans son étymologie grecque, paraît indiquer une origine ignée, n'ait jamais été percée par des soupiraux volcaniques. Toutefois, l'extrémité orientale de la chaîne se rapproche d'une grande région volcanique qui commence aux environs d'Agde et de Pézenas et s'étend jusque dans le Vivarais et l'Auvergne.

B. ROCHES PLUTONIQUES.

Les *roches Plutoniques* sont celles qui se sont fait jour par les fentes et les crevasses de la croûte terrestre et qui en ont soulevé ou envahi les strates, sans éruption proprement dite, non par des soupiraux restreints, mais sur de vastes surfaces, d'une manière probablement lente et successive, peut-être par voie de suintement, et avec une énergie que la science ne peut calculer, mais dont on peut se faire une idée générale en se rappelant que l'apparition des plus vastes chaines de montagnes est due à leur puissance de soulèvement.

Ces roches, qui offrent presque toujours un aspect subcristallin, sont : *le granite, la serpentine, la diorite* et *l'ophite.* On donne le nom général de *porphyre* à celle de ces roches qui se présente sous l'aspect de cristaux implantés dans une pâte compacte composée d'ordinaire de substances feldspathiques ou amphibolitiques.

I. *Le granite* est une roche essentiellement composée de *quartz*, de *feldspath* et de *mica*. Le mica est quelquefois remplacé par le *talc;* nous avons alors la *protogyne.* Quand les éléments du granite sont de grandes dimensions, il s'appelle *pegmatite.* Lorsque des minéraux étrangers sont implantés dans le granite sous forme cristalline, tels que la *tourmaline,* le *grenat,* le *titane,* la *pinite,* etc., il devient granite *porphyroïde.* Lorsque le feldspath domine, on l'exploite sous le nom chinois de *kaolin,* pour la fabrication de la porcelaine.

Les roches granitiques abondent dans les Pyrénées centrales; on les étudiera en grand dans les vallées de Lutour, de Geret, de Marcadau, d'Ardiden, aux environs de Cauterets; à Gèdre, à Saussa, au val d'Ossoue, au val d'Estaubé, près de Gavarnie; dans les régions de Néouvielle, d'Aiguecluse, de Couplan au sud-est de Barèges, au Pic du Midi de Bigorre, à Loucrup, à Ordizan, au camp de César, près de Bagnères. Dans ces trois dernières localités il affecte plus particulièrement l'aspect de la pegmatite, et il se décompose facilement au contact de l'air humide. Dans les autres régions, il présente des petits grains serrés d'une teinte grisâtre et uniforme. On observe très souvent, surtout dans les environs de Cauterets, des masses arrondies d'un granite plus serré et d'une teinte plus foncée enclavées dans la masse générale avec lesquelles elles paraissent partager une origine commune et contemporaine.

Nous indiquerons dans nos *Itinéraires* les variétés de granite que distingue la présence de cristaux étrangers.

II. La serpentine, qui est une roche compacte, onctueuse au toucher, très tenace sous le choc du marteau, quoique assez molle, et colorée d'ordinaire en vert par le *chrôme*, n'apparaît guère dans nos Pyrénées que comme un accident dans les environs des roches amphibolitiques. Je ne connais aucun lieu où elle se montre bien caractérisée. Il serait intéressant pour l'industrie d'y chercher le *chrômate de fer*.

III. La *diorite* et l'*ophite*, composées, la première d'*amphibole* et de *feldspath*, la seconde presque entièrement d'*amphibole*, offrent au contraire des sujets d'étude très intéressants, étant très développées surtout à la base de la région septentrionale dont elles ont soulevé les couches jurassiques et crétacées et où on peut les observer à Lourdes, dans la vallée de Castel-Loubon, au Castel-Mouli, à la base du Bédat, à Asté, à Pouzac, dans les Baronnies, etc.

Ces substances, douées d'une ténacité remarquable comme toutes celles où abonde l'*amphibole*, sont très susceptibles de se décomposer et de se réduire en argile verdâtre, sous la double influence de l'humidité et du contact de l'air. Cette décomposition se remarque surtout dans les variétés qui abondent en feldspath, ce qui arrive pour la diorite qui s'émiette en gravier.

Cette dernière substance présente au premier abord l'apparence du granite, et il faut l'observer de près pour ne pas s'y tromper.

L'ophite présente un aspect subcristallin ; elle passe rarement à l'état compacte. Sa couleur est le vert noirâtre, elle abonde en particules de fer oxidulé, qui donnent quelquefois à la masse entière les propriétés magnétiques. On observe souvent à sa surface de belles plaques de fer oligiste ou micacé, qui paraît y avoir été déposé par sublimation. Elle se trouve quelquefois associée à des substances étrangères que nous signalerons dans nos *Itinéraires*.

En certains lieux (Camp de César, entrée de la vallée

de Labassère, etc.) elle offre un aspect mat et argileux et paraît percée de bulles tantôt vides, tantôt remplies de substances calcaires ou zéolitiques. Je signale cette roche à l'attention des observateurs.

L'ophite apparaît d'ordinaire sous forme de masses arrondies fendues en tout sens, et privées de toute disposition régulière. Dans les environs de Bastènes (Landes) j'ai observé un monticule d'ophite parfaitement stratifié. Les couches très régulières étaient disposées d'une manière ondulée et formant des arcs assez étendus; étaient-ce des segments de vastes boules ophitiques?

IV. On remarque encore dans les Pyrénées des roches d'une origine plutonique qui se rapprochent des diorites, mais qui en diffèrent parce que leur principe constituant est le *pyroxène* et non l'amphibole. Ces substances ayant été d'abord observées aux environs de l'étang de Lherz (Ariége), ont été nommées *Lherzolites* par M. de Lamétherie. On rencontre cette roche dans la circonscription qui nous occupe, dans la vallée du Lac Bleu, dans les environs de Gèdre, dans le val de Lutour, dans certaines brèches anciennes dites *brèches universelles*. Faut-il ranger ces roches assez peu déterminées parmi les roches plutoniques proprement dites; faut-il les ranger parmi les produits métamorphiques?

V. Les porphyres ne se présentent pas dans les Pyrénées en masses considérables. On les rencontre accidentellement dans les vallées du Bastan, d'Aure, de Cauterets où ils sont représentés sous forme de *mélaphyre* composé de gros cristaux de feldspath blanc implantés dans un ciment petrosiliceux de couleur foncée. C'est dans les moraines et les alluvions qu'il faut chercher ces échantillons de porphyre.

II.

FORMATIONS SÉDIMENTAIRES.

On les nommait autrefois *roches secondaires*, parce qu'on les considérait comme ayant été invariablement déposées au sein des eaux après la dernière apparition de roches d'origine ignée. Mais on a dû renoncer à cette désignation depuis qu'on a reconnu qu'il y a des éjections de granite et de diorites postérieures à la formation des premières couches fossilifères.

Ce qui distingue les formations sédimentaires, quand on les considère dans leur ensemble, c'est leur disposition en *couches* ou *strates*. Ce fait seul ferait présumer qu'elles ont été déposées au sein des eaux. Leur structure pétrologique, je veux dire leur apparition sous forme de grès, poudingues, brèches, limons, argiles plus ou moins endurcies, mais surtout la présence d'innombrables fossiles indiquant l'existence pré-adamique de plantes, de coquillages, de poissons qui peuplaient les océans anciens, et de reptiles,

d'oiseaux et de quadrupèdes qui vivaient sur
leurs bords et sur leurs îles, viennent dissiper
toute espèce de doute relatif à leur origine
aqueuse.

Ces fossiles, dont l'étude est une des branches
les plus intéressantes de la géologie, puisqu'elle
nous initie dans les mystères d'une création qui
précéda celle de notre race, se présentent soit
sous forme d'empreintes, soit sous celle de
moules intérieurs, soit sous celle de *vraies pétri-
fications* quand leur substance a été complètement remplacée par l'effet des sucs lapidifiques,
soit enfin sans autre altération que la perte de
leur gélatine, dont même quelques-uns des plus
modernes conservent encore une petite portion.
Il ne faut pas confondre ces restes des êtres
organisés avec les concrétions stalactitiques dont
les grottes abondent, concrétions auxquelles
l'imagination prête mille formes bizarres, mais
qui n'ont aucune valeur au point de vue scientifique.

Il ne faut pas oublier que l'on est convenu de
désigner sous le nom de *formations* tout un
ensemble de couches et de roches qui, bien que
différant entre elles à certains égards, ont néanmoins une commune origine et datent de la
même grande époque géologique. Si par suite
de l'exhaussement de son lit, l'océan Atlantique
venait à se déplacer, on pourrait observer à nu
tous les dépôts qui se sont accumulés dans son
sein depuis le commencement des temps histo-

riques. Cette vaste surface offrirait des amas de
sables, de graviers, de limons entremêlés de
débris d'animaux marins qui sûrement se pré-
senteraient sous des aspects très divers, si on
comparait les côtes orientales de l'Amérique avec
les côtes occidentales de l'Europe et de l'Afrique, mais qui néanmoins auraient des points de
rapprochement annonçant une contemporainéité
qui nous permettrait de les considérer comme
appartenant à une formation susceptible d'être
groupée sous le même nom.

Les formations sédimentaires, depuis celles qui
recouvrent immédiatement la croûte primitive
du globe, jusqu'à celles qui ont été déposées
dans les âges les plus rapprochés de la naissance
de notre race, appartiennent à diverses époques
successives qui ont été marquées par des bouleversements dont nous parlerons plus loin. Ces
formations, dont les plus anciennes occupent,
dans l'état normal, les positions les plus inférieures et qui s'étendent sur d'immenses surfaces,
comme elles mesurent une grande épaisseur, ont
été désignées par des noms quelque peu barbares,
empruntés à diverses langues anciennes et modernes, qu'il faut bien subir en attendant qu'on
nous en donne d'autres plus rationnels ou plus
harmonieux. Les voici en commençant par les
plus élevées, et par conséquent les plus récentes.

Plusieurs des formations indiquées dans ce
tableau général manquent dans nos Pyrénées ou

n'y ont jamais été observées. Nous devons donc,
jusqu'à nouvel ordre, n'en parler que pour mémoire.

ANCIENNES DÉNOMINATIONS.

T. TERTIAIRES.
- Alluvions modernes.
- Alluvions anciennes.
- Terrain subapennin.
- Terrain de molasse.
- Terrain parisien.

T. SECONDAIRES.
- Terrain crétacé.
- Terrain jurassique.
- Terrain du trias.
- Terrain pénéen.
- Terrain carbonifère.

TRANSITION.
- Terrain dévonien.
- Terrain silurien.
- Terrain cambrien.
- Matières inconnues.

ROCHES PRIMITIVES.
En dessous de ces strates sédimentaires, ou dans leurs failles, se trouvent
les Granites, les Diorites, les Porphyres, etc., dont nous avons parlé dans le
chapitre précédent.

A. ALLUVIONS MODERNES.

On désigne par ce nom les dépôts qui se forment à la surface de la terre depuis la cessation des grands cataclysmes qui l'ont bouleversée à des époques antérieures. Ils sont par conséquent contemporains de l'homme, et il ne faut pas s'étonner de rencontrer ses restes et les vestiges de son industrie mêlés à ces formations géologiques, les seules qui portent l'empreinte de sa présence.

Ces alluvions sont naturellement moins développées dans nos régions pyrénéennes que dans les vastes plaines qui s'étendent de leur pied vers le nord. Nos torrents ont bientôt enlevé les atterrissements que les vicissitudes des saisons, le dégel, les avalanches y précipitent chaque année. Ces amas méritent d'être observés parce qu'ils offrent à l'explorateur des échantillons provenant de régions d'ailleurs inaccessibles.

Les glaciers dont les plus étendus sont ceux du Vignemale, du Mont-Perdu, du port de Néouvielle, du Marboré, de Crabioules et de la Maladetta, réclament l'étude soignée des explorateurs; il serait aussi intéressant de suivre la marche périodique des avalanches dont les vallées de Grip, du Bastan, de Gavarnie, d'Aragnouet, de Gabas, du port de Vénasque abondent; mais les détails de ces remarquables phénomènes appartiennent à la géographie physique proprement dite.

Des tourbières s'étendent au pied des Pyrénées sur des plateaux élevés depuis les landes de Lannemezan jusqu'aux plaines du Pont-Long. On les exploite depuis quelques années avec avantage dans les environs d'Ossun.

Des ossements humains et des objets d'industrie ont

été trouvés dans les depôts supérieurs des cavernes à ossements dont nous parlerons ci-après.

Les dépôts de stalactites et de stalagmites appartiennent encore aux formations modernes. On sait que ces concrétions sont dues aux eaux qui, filtrant à travers les couches calcaires, suintent sur les parois, et dégoutent des voûtes dans les cavernes, et par leur évaporation déposent de petites couches successives de chaux carbonatée. Ces couches en s'accumulant finissent par former de magnifiques colonnes, des franges élégantes, des candelabres fantastiques, jeux de la nature, comme on les appelait autrefois, qui font l'ornement des grottes dans les régions calcaires. On peut en observer dans les environs d'Arudi, de Rébénac, de Bétharam, de Lourdes, de Castel-Mouli, de Campan, des Baronnies, de St-Bertrand-de-Comminges. A Esparros, les accumulations de tuf stalagmitique, formées sur des mousses et autres plantes, offrent des buissons extrêmement élégants. On les exploite pour l'usage des marbriers qui en forment des étais pour les manteaux de cheminée. A Bagnères, à Castel-Mouli, à St-Savin, près de Viscos et de Gèdre, il y a des sources incrustantes qui forment des amas de tuf, mais elles ne paraissent pas assez pures pour être appliqués à la reproduction des sculptures comme les sources de Toscane et d'Auvergne.

B. ALLUVIONS ANCIENNES.

On nomme ainsi les alluvions qui, postérieurement à l'époque adamique, ont déposé sur la surface de la terre des amas considérables de sables, de gravier, de blocs erratiques, dont les couches ont été depuis sillonnées par les fleuves. C'est à cette époque que remonte l'ensablement de la plaine de la Crau en Provence; les mêmes alluvions ont charié les éléphants et les rhinocéros que l'on trouve encore, munis de leurs chairs et de leurs poils, dans les glaces de la

Sibérie; les accumulations de blocs erratiques, que plusieurs auteurs attribuent au prolongement de glaciers qui auraient charrié au loin leurs moraines, sont contemporaines de ce cataclysme.

On peut observer avec un grand intérêt le phénomène des blocs erratiques dans nos Pyrénées centrales, sur les collines de Rébénac et de Sévignac, les blocs de granite de la vallée d'Ossau; sur les collines de Lourdes, ceux de Cauterets; sur les hauteurs des Palombières à Bagnères, d'énormes blocs de quartz venant des hauteurs de Houn-Blanco; au col d'Aspin, des blocs de poudingues venant de la vallée d'Aure. A l'entrée de la vallée de la Barousse et de celle de Luchon, les mêmes phénomènes se reproduisent en grand. Je parle ici des blocs anguleux qui, dans la théorie des glaciers, auraient été charriés à la surface supérieure et déposés par le dégel. Quant aux moraines inférieures, composées des blocs arrondis, qui formaient comme les roulettes de ces immenses engins, on les retrouve sur toute la ligne septentrionale qui suit le pied des Pyrénées. Ces amas de cailloux sont sillonnés par les Gaves çà et là, et laissent d'immenses témoins composés de toutes les roches caractéristiques des Pyrénées, riches musées où l'on peut recueillir des collections pétrologiques assez complètes, sans se donner la peine de parcourir les hautes montagnes. Le parc de Pau s'étend sur un monticule de cette époque; on en retrouvera de semblables sur toute la longueur de la chaîne. On remarque dans ces amas des galets de granite qui se sont décomposés tout en conservant leur forme générale; c'est chose curieuse que de couper en deux un de ces blocs sans ébrécher le couteau qu'on emploie pour cette opération. Parfois le granite a complètement disparu, des eaux chargées de substances calcaires viennent par suintement déposer dans la cavité intérieure des cristaux spathiques; au bout d'un certain temps il se forme ainsi de curieuses *géodes*.

C. TERRAIN SUBAPENNIN.

On l'appelle aussi *terrain de la Bresse*, parce qu'il a été très soigneusement observé dans cette région. Cette formation offre plus de cinquante pour cent de fossiles analogues aux êtres qui vivent à notre époque.

Le terrain subapennin est représenté dans la région qui nous occupe par les sables des Landes, et par les accumulations d'ossements engagés dans les brèches calcaires et dans les limons des cavernes.

Ces dépôts, que M. Marcel de Serres désigne par l'épithète d'*humatiles*, sont considérables dans les Pyrénées où les grottes qui n'en possèdent pas sont plus rares que celles où on les observe. Voici le catalogue des animaux dont les restes on été recueillis dans les grottes et brèches du Bédat, d'Aurensan, de Beaudéan et d'Estaillens aux environs de Bagnères, étudiées par notre infatigable naturaliste, M. Philippe (1).

INSECTIVORES.

Musaraigne, Sorex vulgaris.
Taupe, Talpa europœa.

CARNASSIERS (*plantigrades*).

Ours, Ursus cultridens, *Cuv.*
Blaireau, Ursus meles.

CARNASSIERS (*digitigrades*).

Marte, Mustela martes.
Hermine, Mustela alba.
Belette, Mustela minor.
Loutre, Mustela lutra.
Loup, Canis lupus.
Renard, Canis vulpes.
Hyène, Hyœna fossilis, *Cuv.*
Lion, Felis leo.

(1) Voir le Recueil des *Actes de la Société Linéenne de Bordeaux*, 1852. M. Philippe est auteur de la *Flore des Pyrénées* qui s'imprime dans ce moment.

Panthère de Laurillard, Felis Laurillardi.
Chat sauvage, Felis ferus, *Lin.*

RONGEURS (*carnivores*).

Loir, Myoxus glis, *Gmel.*
Lérot, Mus avellanarius, *Lin.*
Souris, Mus musculus.
Porc-épic, Hystrix cristata, *Lin.*

RONGEURS (*herbivores*).

Rat d'eau, Arvicola amphibia, *Lin.*
Campagnol des montagnes, Arvicola monticola de
  Selys-Lonchamp.
Campagnol des champs, Arvicola agrestis.
Campagnol trompeur, Arvicola decipiens.
Lièvre des Pyrénées, Lepus pyrenœus.
Lapin, Lepus cuniculus, *Lin.*
Hérisson, Erinaceus europœus, *Lin.*

PACHYDERMES (*proboscidiens*).

Éléphant, Elephas primigenius, *Lin.*

PACHYDERMES (*proprement dits*).

Sanglier, Sus scrofa, *Lin.*
Rhinocéros, Tichorinus, *Cuv.*
Rhinocéros d'Afrique, T. africanus, *Cuv.*

SOLIPÈDES.

Cheval, Equus caballus, *Lin.*

RUMINANTS (*à bois solides*).

Cerf des Pyrénées, Cervus pyrenœus, *Nob.*
Cerf de Lartet, Cervus Lartetii.
Elan, Cervus alces, *Lin.*
Renne, Cervus tarandus, *Lin.*
Chevreuil, Cervus capreolus, *Lin.*
Antilope chamois (Isard), Antilopa rupicapra.
Bouquetin des Pyrénées, Ibex Pyrenœus.
OEgagre (*chèvre*) capra œgagrus, *Gmel.*

2

RUMINANTS (*à cornes creuses*).

Bœuf auroch, Bos ferus, *Lin.*
— Bos urus, *Gmel.*
Bœuf des Pyrénées, Bos pyrenœus, *Nob.*

OISEAUX.

Faucon, Falco tinnunculus, *Tem.*
Aigle, Falco fulvus.
Milan, Falco milvus.
Pie, Corvus pica.
Chouette, Strix aluco.
Grive, Turdus.
Fauvette.
Coucou, Cuculus.
Coq de bruyère, Tetras auerhan.
Caille, Perdix coturnix.
Chevalier, Totanus.
Barge, Limosa.

REPTILES (*batraciens*).

Grenouille, Rana virginiana, *Cuv.*
Crapaud, Bufo agna, *Daudin.*

N'est-ce pas à cette formation qu'il faut rattacher les dépôts de bitume qu'on exploite à Basténes (Landes), et dans lesquels on retrouve tant de coquilles, de dents de squales, d'ossements de cétacés? Nous recommandons cette localité comme très digne d'intérêt. Le minéralogiste y fera ample récolte de cristaux d'arragonite et de quartz rubigineux, de fer oligiste, de gypse ferrugineux, couleur lie de vin, de gypse sélénite, d'ophite, de talc, etc.

D. TERRAIN DE MOLASSE.

Ce terrain, qui correspond à la formation miocène des Anglais, est composé de marnes, de grès, de pierres meulières, de calcaires tendres.

Il est caractérisé par la présence de fossiles dont dix-huit pour cent se rapportent aux espèces vivantes et qui appartiennent soit aux formations marines, soit aux dépôts lacustres et fluviatiles.

Il s'étend depuis la base des Pyrénées jusqu'au delà de la Garonne, formant ainsi la presque totalité du terrain *sous-pyrénéen.*

Entrer dans des détails descriptifs de cette région serait s'écarter des limites que nous nous sommes imposées. Toutefois, nous ne pouvons nous abstenir de présenter un aperçu général de cette intéressante région.

Les terrains abondant en mammifères, en coquilles terrestres et fluviatiles ont été étudiés avec soin par MM. Lartet, Noület, l'abbé Dupuy, etc., dans les provenances des localités suivantes : HAUTE-GARONNE, Toulouse, Bonrepos, Caignac, Vénerque, Boulogne, Alan, Françon, Labarthe, Cassagnabère. — GERS, Sansan, Simorre, Villefranche-d'Astarac, Sauveterre, Lombez, St-Arroman, Condom, Castelnau-d'Arbieu, Marsolan, Tournan, Jégun, Vic-Fezensac, Barran, Cheylan, Laymond, etc. — HAUTES-PYRÉNÉES, Sariac, Castelnau-Magnoac, Bonnefont, Larroque, Devèze, Pouyastruc, Bernadet. — BASSES-PYRÉNÉES, Moncaup, etc.

De toutes ces localités, la plus célèbre est la colline de *Sansan* (Gers) (1). Là se trouve une accumulation immense d'ossements appartenant à plus de trente-six genres différents de mammifères, onze de reptiles et une foule d'oiseaux et de poissons non encore déterminés. Parmi les quadrupèdes, se distinguent les mastodontes, les rhinocéros, les paléothériums, les anisodons, les tapirothérium, les chœrothérium, les dinothérium, les macrothérium, le singe, etc. Faune étrange qui peupla nos plaines dans les âges préadamiques, et dont les restes furent réunis par l'effet de courants ou de remous dans des anses ou des

_____

(1) Voir une *Notice sur la colline de Sansan,* par El. Lartet. Auch, 1851.

bas-fonds qui ont été soulevés lors de la formation de nos continents.

Les fossiles de Sansan étaient considérés dans un âge reculé comme ayant été accumulés dans le *camp de las hossos* (champ des fosses) par le démon qui, jaloux des créations de Jéhova, voulut rivaliser de puissance, mais demeura incapable de communiquer la vie. En 1834, l'attention de M. Lartet fut attirée vers ses immenses dépôts par un berger. Plus tard le gouvernement fit l'acquisition de la colline qui renferme aujourd'hui encore vingt fois autant de fossiles qu'il n'en a encore été extrait.

C'est encore au terrain de molasse qu'on rapporte les *faluns* des environs de Bordeaux et des Landes. Le mot *falun* sert à désigner en Touraine des amas de coquilles fossiles qui ont conservé leur test sans conserver leur couleur et qu'on exploite dans le pays au profit de l'agriculture. On trouve de semblables amas près de Bordeaux, à Mérignac, à Léognan, etc.; dans les Landes, à Cestas, à Dax. Dans ces diverses localités, ces fossiles sont très nombreux et de la plus belle conservation. Ils sont mêlés à de beaux madrépores, à des dents de squales et à des ossements de cétacés. On en trouvera une nomenclature complète dans l'ouvrage spécial de M. Grateloup. Les plus abondants sont les suivants : oliva, cerithium, pleurotoma, terebra, buccinum, fusus, cancellaria, ancilaria, ranella, conus, scalaria, pyrula, trochus, turritella, avicula, voluta, natica, sigaretus, nerita, dentalia, calyptrea, pectunculus, cardium, venus, arca, nucula, lucina, corbula, donax, gratelupia, tellina, cytherea, balanus, etc., etc.

E. TERRAIN PARISIEN.

Ce terrain, avec ceux qui précèdent, forme ce qu'on appelle aussi formation tertiaire ou quaternaire. Il en est l'étage inférieur et ne présente plus qu'un très petit nombre de fossiles analogues aux animaux vivant de nos jours.

On ne trouve point dans notre bassin sous-pyrénéen les dépôts de gypse qui caractérisent les environs
de Paris. Mais nous possédons de cette formation des
bancs puissants de calcaires grossiers avec tous les fossiles qui les caractérisent aux environs de Bordeaux et
dans les Landes ainsi que des amas puissants de
grès. Cette étude nous éloignerait encore trop des
Pyrénées centrales, et l'énumération des fossiles
serait trop étendue pour les limites de notre bro-
chure. Consultez sur ce sujet l'ouvrage spécial de
M. Deshayes.

F. TERRAINS CRÉTACÉS.

On subdivise les terrains crétacés en divers
étages qui sont, en commençant par les supérieurs : l'*épi-crétacé*, la *craie proprement dite*, le
grès vert et le *néocomien*, tous caractérisés par des
fossiles dont on ne retrouve aucun de complètement semblable dans notre faune actuelle.

Les terrains à nummulites ; désignés par
M. Leymerie sous le nom d'*épi-crétacés*, appartiennent-ils à l'époque tertiaire ou à l'époque
secondaire, au terrain parisien inférieur ou au
terrain crétacé supérieur ? Cette question est
encore en litige entre les savants. Peut-être cette
formation est-elle une de ces transitions, une de
ces pénombres dont l'existence prouverait que
les distinctions si fortement tranchées dans nos
systèmes scientifiques, sont plus insensiblement
ménagées dans la nature.

Le *terrain épi-crétacé* est très développé dans les collines inférieures et au pied septentrional de nos Pyrénées, où on peut l'observer à Biarritz, à Peyrehorade,

à Orthez, dans les environs de Dax, à Bos-d'Arros, près
de Pau: à Ossun, à Gourgue (Hautes-Pyrénées); mais le
fait géologique le plus intéressant qui se rapporte à cette
formation, c'est qu'on la retrouve dans la région la plus
élevée des Hautes-Pyrénées, tout le flanc méridional du
Marboré, y compris le Mont-Perdu, étant composé de ses
couches redressées, régions difficiles à explorer et
dont nous connaîtrons plus complètement la faune
crétacée lorsque M. Leymerie aura terminé le beau
travail qu'il nous promet bientôt. La région du Port
de Pinède est surtout riche en fossiles. On peut aussi
recueillir des nummulites, des orbitolites, des ostrea
larva et vesicularis, des oursins, etc., dans l'enceinte
du cirque de Gavarnie avec d'autres fossiles de la
même époque.

C'est au même savant que nous devons l'étude des
terrains de *craie proprement dite* qui sont peu développés dans les Pyrénées, mais qui se montrent à
Mauléon et à Gensac (Hautes-Pyrénées), riches de fossiles nouveaux. Voici la liste de ceux qui ont été observés dans cette formation.

Orbitolites disculus, gensacica, secans, socialis. *Cy-
clolites* semi-globosa. *Adrone* scobina. *Cricopora* gra-
data. *Pustulopora* variolaria. *Escharites* arbuscula. *Es-
chara* Gaihardina, Leymeriana. — *Cidaris* Ramondi.
Schizaster verticalis, ovata. *Ananchytes* tenui-tubercu-
lata. *Hemipneustis* radiatus. — *Serpula* dentelina. —
Crassatella Dufrenyi. *Nucula* phascolina. *Venus* Lapey-
rusena. *Spondylus* Dutempleanus. *Pecten* Palassoui,
striato costatus. *Janira. Exogyra* Pyrenaïca. *Ostrea*
larva, lateralis, plicataloides, vesicularis, plusieurs
variétés de la dernière. *Crania* arachnites. *Thecidea*
radiata. *Terebratula* divaricata, venci, alata. — *Natica*
rugosa, *Trochus* Lartetianus. *Turritella* Dietrichi, gigas.
Nautilus Charpentieri. *Ammonites* Venesiensis, mon-
talconensis. *Baculites* anceps (1).

Plusieurs de ces fossiles se retrouvent dans les blocs
qui encombrent l'aire du cirque de Gavarnie, d'où il
serait naturel de conclure que quelques portions des

(1) Mémoire sur un nouveau type pyrénéen parallèle à la craie
blanche proprement dite, par M. Leymerie.

assises de ces magnifiques murailles appartiennent à la même formation, si on ne les trouvait en place dans la partie supérieure. A l'entrée du cirque à droite, on trouve des assises de calcaire à hippurites.

Il paraît que c'est encore à cette formation qu'il faudrait rapporter les calcaires intercalés de plaques de silex qu'on observe à Saint-Jean-de-Luz, à Bidache, à Rébénac, à Capvern, à Bonnemason et sur lesquels on remarque des empreintes de fucoïdes.

Le *terrain crétacé inférieur* comprend le *grès vert* et le *néocomien.* Nous mettons ensemble ces deux formations parce qu'on n'a pas encore bien déterminé leurs représentants et leurs limites dans les Pyrénées.

Les calcaires à Réquiénies des environs d'Orthez appartiennent-ils au grès vert? Les Lumachelles de Lourdes, d'Arudy, de Montréjeau appartiennent-elles au néocomien, ou bien faut-il placer ces dernières dans les étages supérieurs des terrains jurassiques?

G. TERRAIN JURASSIQUE.

Les auteurs français ont adopté cette expression comme rappelant que c'est d'abord dans le *Jura* que cette formation a été étudiée en grand. En attendant qu'on en trouve de plus rigoureusement exactes, ces expressions qui indiquent les lieux où on peut retrouver les types des formations valent certainement mieux que celles qui perpétuent des idées fausses. Ainsi l'on appelle grès *vert* des roches qui sont souvent rouges, et grès *rouge*, des substances qui sont quelquefois vertes, etc.

Le terrain jurassique est composé d'un grand nombre d'étages que quelques auteurs se sont efforcés de multiplier, tandis que d'autres s'industrient à les simplifier. Nous renvoyons nos lecteurs aux ouvrages spéciaux.

Une foule de fossiles accusent la présence dans les mers jurassiques d'êtres organisés les plus extraordinaires. Là se développaient par myriades les *Ammonites*, coquilles légères, gracieusement contournées en cornes de béliers, artistement divisées en alvéoles réunies par des syphons propres à alléger ou à rendre plus pesant l'animal pélagien par l'addition et la soustraction de l'air; charpente intérieure d'animaux inconnus, mais que l'analogie rapproche des nautiles-argonautes qui, les membranes déployées en forme de voile, les tentacules abaissées en forme de rame, font remonter l'invention des vaisseaux avant la création de l'homme. C'est aussi dans les mers jurassiques qu'on voyait pulluler les *Bélémnites*, coquilles coniques cloisonnées qui formaient l'axe d'un horrible céphalopode voisin des seiches et des calmars, munis d'un sac plein d'une substance noire que l'animal lançait contre l'ennemi qui le poursuivait, échappant ainsi à l'aide d'un nuage au danger imminent. Cette substance sert de nos jours, sous le nom de sepia, aux pacifiques études des aquarellistes. Alors des monstrueux *poissons-lézards* (ichtyosaures) sillonnaient les mers et en ravageaient les paisibles populations ; le

hideux *Ptérodactyle* offrait l'effrayant spectacle
de reptiles volants à la manière des chauve-
souris ; le vorace *Plésiosaure*, lançant sur la
surface des eaux sa tête armée de dents formi-
dables et attachée à un cou composé de trente
vertèbres et allongé comme une flèche mou-
vante.....

Hélas! ces murailles de la création qui ont laissé
tant de restes accumulés dans le nord de la France,
en Allemagne, en Angleterre, n'ont au milieu de nous
que de rares représentants pour ne pas dire des indices
contestables et contestés. Une zone jurassique caractérisée s'étend sur la longueur de la région qui nous
occupe et parallèlement à son axe ; on peut l'observer
à Sévignac, dans la vallée de Batsouriguère, à Geu, à
la Clique, à l'Elysée-Cottin, à Séris, dans la vallée
d'Asté, à Lhéris, près de Sarrancolin, dans le territoire
de St-Bertrand-de-Comminges. Au sud de l'axe granitique, on retrouvera la même formation dans la partie
méridionale de la vallée d'Ossau, où elle court parallèlement aux formations plus récentes dont nous
avons déjà parlé. Dans ces localités la faune jurassique
a pour représentants quelques bélemnites impossibles
à classer, des ammonites fort rares, des gryphées, des
térébratules, des serpules sociales et d'autres vestiges
qui réclament l'appréciation des hommes les plus
exercés. Ces restes semblent appartenir les uns aux
étages les plus élevés, et les autres aux étages les
plus anciens de la formation précitée. A Astigaraga
dans le Guipuzcoa, le jurassique qui fait suite à celui
de nos régions, m'a paru beaucoup mieux caractérisé,
n'ayant pas subi les bouleversements et les métamor-
phoses qui donnent à nos contrées l'aspect désordonné
et stérile qui les caractérise.

Nos roches jurassiques couronnent souvent des montagnes arrondies et y forment des crêtes dentelées,
des falaises abruptes, des cimes pyramidales ; ces dernières sont souvent désignées par le nom de *pennes*,
mot d'origine celtique qui, comme celui de *gave* (eau)

se retrouve dans un très grand nombre de langues.
C'est aussi principalement dans les formations jurassiques qu'on observe les cavernes que des événements
plus récents ont jonchées d'ossements et de débris.

H. TERRAIN DU TRIAS.

Ce terrain a été ainsi nommé par la seule
raison qu'il est composé de *trois* étages. On comprend que cette expression, comme tant d'autres,
attend un réformateur, puisque plusieurs formations pourraient être divisées de même manière.

C'est peut-être à l'un de ces étages qu'appartient
le grès rouge observé dans le val de Rimoulat, au col
d'Aspin, dans la partie inférieure de la vallée d'Aure
et non loin de St-Béat.
On trouve dans ce terrain de grès rouge des poudingues et des ochres aux brillantes couleurs. M. de
Charpentier signale la présence de bivalves dans les
calcaires qui lui sont subordonnés. Je n'ai pu en
rencontrer aucune trace.

I. TERRAIN PÉNÉEN.

Ce terrain, caractérisé par l'apparition des
premiers Sauriens, par des schistes bitumineux
cuprifères, des grès rouges avec ou sans ciment,
et des calcaires magnésiens, très développés dans
les Vosges, bien plus encore en Allemagne et en
Angleterre, n'a point été observé jusqu'ici dans
nos Pyrénées.

K. TERRAIN HOUILLIER.

La présence de ce terrain, ainsi nommé parce

qu'il renferme des dépôts considérables de *houille*, devient pour un pays une source incalculable de richesse, et l'aliment indispensable de l'industrie. Sûrement, l'Angleterre ne changerait pas ses houillères de Newcastle ou du Staffordshire contre tout l'or de la Californie et de l'Australie, avec les diamants de Golconde par dessus le marché. La France possède de grands territoires houillers dans le Nord, la Lorraine, le Morvan, le Forey, les Cevennes, la Bourgogne, etc., exploitations qui sont encore susceptibles d'un plus grand développement. Ces débris des forêts anté-diluviennes offrent les empreintes d'une flore remarquable, riche de calamites, de lépidodendrons, de stigmarias, de sigillaires, de fougères gigantesques, accompagnés, dans les couches calcaires subordonnées, de vestiges d'animaux singuliers, tels que poissons armés de machoires semblables à celles des crocodiles (holoptichus, mégalychthis), tandis que le calcaire carbonifère proprement dit offre une conchyliologie des plus remarquables, représentée par les évomphales, les spirifères, les productus, les orthis, les bélérophons, les orthocérates, etc., dont quelques-uns se retrouvent dans le terrain pénéen, pour disparaître complètement dans les formations supérieures.

Le terrain houiller manque entièrement dans les Pyrénées proprement dites. Les indices de ce précieux combustible qu'on exploite près de Perpignan appartiennent à la petite chaîne des Corbières. Les autres substances susceptibles d'être employées dans les

forges et dans la fabrication de la chaux, appartiennent à d'autres formations ou à d'autres classes de
combustibles. Ainsi on exploite l'*anthracite* à Hernani,
en Espagne, et on en rencontre d'inexploitable au pic
du Midi de Bigorre, à Héas, etc. Le petit dépôt de vraie
houille qu'on recueille dans les flancs de la Rhune
(Basses-Pyrénées), soit en France, soit sur le versant
espagnol, appartient au terrain de transition et n'offre
que de très modestes produits; nous avons vu que les
lignites se trouvent en dépôt çà et là dispersés le
long de la chaîne, sur les assises du terrain épi-
crétacé. Quant aux tourbières qui appartiennent aux
formations les plus récentes, elles se retrouvent
dans les bas-fonds et sur les plateaux suivant la même
ligne parallèle, mais plus au nord. Telles sont nos
richesses ou plutôt nos pauvretés minérales en fait de
combustibles, pénurie à laquelle nous devrons le dé-
boisement progressif de nos montagnes, si les chemins
de fer ne viennent bientôt nous apporter les houilles
du nord, ou si les hommes du nord ne viennent bientôt
nous enseigner l'usage de nos tourbes et de nos
lignites.

L. TERRAINS DÉVONIENS, SILURIENS ET CAMBRIENS.

Nous classons ensemble ces trois terrains, soit
parce que nos anciens auteurs les rangeaient
sous le seul nom de terrains de *transition*, soit
parce que dans nos Pyrénées ils n'ont pu être
bien déterminés, à cause de l'extrême rareté
des fossiles, et des bouleversements que les soulèvements granitiques ont apportés dans leur
stratification.

Ces formations appartenant aux premiers sédiments sous-marins offrent aussi les premiers
rudiments de la vie végétale et animale, et c'est

avec un respectueux et solennel intérêt que l'on
suit les vestiges des êtres qui sous la main ado-
rable du créateur sont venus animer les vastes
solitudes de notre terre, et commencer cette
série d'êtres vivants dont l'homme devait être
le but, le chef et le terme.

Ces formations sont très vastes dans nos Pyrénées ;
elles s'étendent au nord et au midi parallèlement à
l'axe granitique. Elles offrent des calcaires de couleurs foncées, des marbres entrelacés, des grauwakes,
mais surtout des schistes alumineux et plus ou moins
chargés de matière talqueuse, selon qu'ils ont été
plus ou moins métamorphosés par le contact du
granite. Les fossiles y sont rares, ils attendent un
explorateur. Voici ceux que j'ai observés : à la penne
de Brada, près Gèdre, des *terebratula prisca*, des
madreporites se rapprochant des ilustres, des bivalves
approchant des spirifères; à Cauterets, dans les bases
de la montagne de Peguère, des *orthocerates*; au
Monné, des corps se rapprochant des *amplexus*; au col
d'Aspin, des empreintes ayant quelque rapport avec
le précédent; dans le marbre de Campan, des *goniatites* innombrables; dans le val de Nestier, des marbres
rouges remplis *d'orthocères*. Le dʳ Otley, de Pau, a
trouvé aux environs des Eaux-Chaudes des madrépores très finement striés qui ont un caractère
dévonien. On trouve encore des fossiles de la formation dévonienne dans les environs de Cierp dans la
vallée de Luchon.

III.

DU MÉTAMORPHISME.

Jusqu'ici nous avons considéré, soit les roches pyroïdes, soit les couches sédimentaires dans leur composition propre, dans leur structure normale ; toutefois, quand on les observe sur place, on ne tarde pas à remarquer que ces deux genres de formations, dont la première est due à l'action du feu et la seconde à celle de l'eau, ont exercé l'une sur l'autre une influence réciproque ; les roches pyroïdes, par leurs éboulements et leur érosion, ayant produit de nouveaux sédiments, et par leurs nouvelles apparitions vers la surface de la terre, ayant bouleversé les strates formées paisiblement au fond des océans. C'est surtout à ce dernier phénomène qu'on donne le nom de *métamorphisme*.

L'apparition d'une éjection de matières plutoniques (granite, porphyre, serpentine, diorite,

ophite) dans une couche sédimentaire produit
trois phénomènes distincts que j'appellerai effets
mécaniques, moléculaires et chimiques.

Soit une éjection ophitique qui se fait jour à
travers une couche de calcaire jurassique. Le
granite poussant cette couche du bas en haut,
la disloque si elle est sèche, la contourne si elle
est à l'état de limon, la redresse en colline : *effet
mécanique*. Mais l'ophite arrive incandescent, et
sa chaleur intense combinée avec une puissante
fusion, peut-être aussi avec des effets électriques,
change la structure moléculaire de la substance
calcaire, qui passe à l'état subcristallin, de compacte qu'elle était ; c'est ainsi que se forment les
marbres : *effet moléculaire*. Enfin, l'ophite apporte
soit directement, à cause de sa composition chimique propre, soit à cause des émissions de gaz
qui l'accompagnent, des substances nouvelles qui
pénètrent la masse sédimentaire, y introduisent
des éléments nouveaux (magnésie), des cristaux étrangers (grenat, idocrase, couzeranite,
amiante, amphibole, fer oligiste). De là les
richesses métalliques des filons, les nids de
cristaux curieux : *action chimique*.

C'est au métamorphisme que nous devons et
les formes variées de la couche terrestre, et les
trésors qu'elle cache dans son sein ; sans ce magnifique phénomène la terre serait encore ce
qu'elle était au premier jour : *sans forme et nue*.

Ce grand phénomène a dû se manifester dans
le commencement avec une incalculable énergie ;

aujourd'hui nous ne voyons guère que les derniers ébranlements de notre demeure superignée. Un arceau de huit à dix lieues d'épaisseur nous sépare d'un abîme de feu ; mais la croûte a pris son assiette et paraît avoir atteint avec son minimum de refroidissement son maximum de solidité. Divers phénomènes qui se produisent encore de nos jours constatent que de nouvelles ruptures ne sont pas impossibles, et que si la race humaine ne périra plus par l'eau, elle n'est pas encore à l'abri du feu. L'action des volcans, celle des tremblements de terre, les soulèvements graduels de la côte du Chili et de celle de la Norwège sont des épisodes de cette grande histoire qui a eu ses phases successives, ses moments de calme, ses orages imprévus, et qui, comme toutes choses terrestres, aura aussi sa fin... (1).

J'ai dit que le phénomène des éjections plutoniques avait eu ses périodes *successives*. Ce sont ces successions qui établissent les diverses époques de formations que nous venons d'énumérer. Nul ne connaît leur âge absolu. Nous ne savons pas le temps qui s'est écoulé depuis le *commencement* auquel Dieu *créa* les cieux et la terre, et le premier jour auquel il *prépara* l'habitation de l'homme. Pour l'Eternel *un jour est comme mille*

(1) Au jour de Dieu, les cieux enflammés seront dissous, et les éléments se fendront par l'ardeur du feu. Mais nous attendons, selon sa promesse, de nouveaux cieux et une nouvelle terre où la justice habite. 2e ép. de St-Pierre III, v. 12-13.

ans et *mille ans sont comme un jour*. Mais on peut
constater, avec quelque certitude, l'âge respectif
des divers étages fossilifères de la croûte terrestre, soit par leur superposition, soit par les fossiles plus ou moins similaires qu'ils contiennent;
aux diverses *formations* correspondent les diverses *déformations* et les soulèvements qui les
terminent. M. Elie de Beaumont a très habilement développé ce point de la science moderne,
quoique d'une manière trop absolue, comme cela
arrive infailliblement quand on abonde dans
une idée circonscrite. Mais la nature, qui nous
donna le premier mot de nos théories, ne veut
point en subir le joug tyrannique. Il y a donc
toujours, dans un système, à prendre et à laisser.

La théorie de M. Elie de Beaumont place le soulèvement des Pyrénées au neuvième rang. Il se serait
opéré entre la formation du trias et la formation
jurassique; il serait postérieur au soulèvement du
mont Viso, et antérieur à celui de la Corse, et par
conséquent à celui des Alpes, des Andes et de
l'Himalaya.

Un phénomène très remarquable, qui donne aux
Pyrénées centrales un caractère tout particulier
d'intérêt aux yeux des géologues, et de grandeur à
ceux des artistes, c'est que l'axe géologique ne correspond pas à l'axe géographique. Je veux dire qu'a-
près avoir dépassé l'axe granitique (Néouvielle,
Cauterets) qui a soulevé la chaîne, au lieu de redes-
cendre vers des montagnes plus humbles, telles que
celles qu'on a traversées au pied septentrional (vallée
d'Argelès) on se retrouve en face d'un soulèvement
de strates secondaires encore plus élevé que l'axe
granitique lui-même, et se dressant perpendiculaire
et menaçant (cirques de Gavarnie, d'Estaubé, de Héas).
Les trois figures, ci-jointes, montreront comment

les Pyrénées auraient pu être formées, et comment elles sont réellement construites.

Le métamorphisme laisse des traces diverses suivant la nature des roches qui le produit et celle des strates sur lesquelles il agit.

Dans nos terrains crétacés, il produit des marbres saccharoïdes blancs, jaunâtres; dans les formations jurassiques, il produit des calcaires fétides, des marbres veinés; dans les triasiques, il donne les quarzites blancs ou rouges; dans le terrain de transition, il constitue des ardoises, des schistes talqueux ou chloritiques, des schistes micacés, des gneiss. Partout il fait disparaître les fossiles; il accumule des brêches au pied des strates qu'il a élevées, des monticules qu'il a abattus ou des formations qu'il a remaniées; il fait jaillir des eaux thermales aussi abondantes que célèbres; il nous a donné des marbres, des ardoises, des substances métalliques plus ou moins riches, des cristaux que les collecteurs ramassent avec intérêt; c'est donc ici le lieu de présenter une nomenclature de nos richesses métalliques; en se rappelant toutefois que si le métamorphisme en a fourni un très grand nombre, nous en indiquons aussi plusieurs qui sont dues à l'action plus lente et plus régulière des eaux.

IV.

NOMENCLATURE

DES MINÉRAUX OBSERVÉS DANS LES PYRÉNÉES CENTRALES (1).

=====

PREMIÈRE CLASSE.

CORPS SIMPLES FORMANT UN DES PRINCIPES ESSENTIELS DES MINÉRAUX COMPOSÉS.

Genre *Hydrogène*.

Hydrogène sulfuré, reconnaissable à son odeur analogue à celle des œufs pourris.

Ce gaz se dégage avec plus ou moins d'abondance

(1) Nous suivons dans cette nomenclature la classification de M. Dufresnoy, et nous ne mentionnons pas d'autres minéraux que ceux qui ont été observés dans nos Pyrénées.

des eaux dites *sulfureuses*. A Luchon, il dépose du soufre sur les parois des fissures par lesquelles il traverse les roches.

Eau. Ce que nous avons à dire de l'eau, considérée soit à l'état liquide, soit à l'état solide, comme agent mécanique, trouvera sa place dans notre ouvrage sur la géographie physique des Pyrénées. C'est en effet à cette partie de la science qu'appartient le chapitre des lacs, des gaves et des glaciers. Au point de vue minéralogique, l'eau pure se présente dans les Pyrénées sous les mêmes aspects que partout ailleurs. On nous pardonnera si nous nous écartons d'une classification rigoureuse en parlant ici des eaux minérales.

Les eaux *minérales* sont ainsi nommées à cause des principes minéraux plus ou moins abondants qu'elles contiennent; elles deviennent *thermales* quand leur température est plus élevée que l'air ambiant. Elles apportent leur température chaude et leurs éléments minéraux des régions inférieures d'où il paraît qu'elles surgissent à la manière des puits artésiens. Leur apparition est due au phénomène du métamorphisme.

Les eaux des Pyrénées peuvent se diviser en deux classes : les eaux *sulfureuses* et les eaux *salines*.

Les premières ont pour principe l'hydrogène sulfuré qu'elles dégagent au contact de l'air et qui leur donne l'odeur à l'aide de laquelle on les reconnaît si facilement. En outre, les eaux sulfureuses renferment des

sels de soude, de la silice et autres substances (1)
parmi lesquelles on remarque la *barégine* qui donne
à ces eaux un caractère onctueux, recherché par les
malades et prôné par plusieurs médecins. Cette substance, encore imparfaitement connue et qui paraît être
d'une nature végétale, se dépose sur les surfaces ame-
nées par les eaux en amas glaireux et blanchâtres.

Les eaux salines sont nommées eaux *salines* proprement dites, eaux *magnésiennes* et eaux *ferrugineuses*,
suivant qu'elles sont chargées de chlorure de sodium,
de sulfate de magnésie, de crénate ou de sulfate
de fer.

Les eaux *salines* proprement dites surgissent au contact des ophites avec les terrains crétacés, à Salies, à
Ordas, à Bidache, à Sanquès, à Aincille dans les Basses-
Pyrénées ; à Gaujeac, dans les Landes ; à Camarade,
dans l'Ariége, etc.

A Salies, elles forment une grande mare au centre
de la ville, et chaque habitant ayant droit de bour-
geoisie, a sa part des produits de cette eau précieuse.
Dans les environs, on rencontre des masses de sel
gemme associé au sulfate de chaux et quelquefois au
soufre. Depuis quelque temps on applique les sau-
mures naturelles en bains dont l'effet paraît être très
énergique pour la guérison de certaines maladies. Elles
contiennent 28 pour 100 de chlorure de sodium ; leur

---

(1) Voici l'analyse des eaux de la buvette de Barèges, donnée par
Longchamps :

(Eau : un litre.)

Azote.	0,004000
Sulfure de sodium.	0,042100
Sulfate de soude.	0,050042
Chlorure de sodium.	0,040050
Silice.	0,067826
Chaux.	0,002902
Magnésie.	0,000344
Soude caustique.	0,005100
Potasse caustique } Ammoniaque } Barégine }	Traces.
	0,212364

exple.tation laisse encore à désirer; il est très probable que des recherches habilement dirigées dans cette intéressante région amèneraient la découverte de gisements considérables de ce précieux condiment.

Les eaux *magnésiennes* (1) abondent surtout à Bagnères-de-Bigorre, où elles attirent chaque année un concours si considérable d'étrangers. Elles jaillissent des fissures d'un calcaire jurassique soulevé et métamorphosé par l'ophite sur une grande ligne qui s'étend au sud de la ville au pied du Mont-Olivet. Quant à leur usage, nous ne saurions mieux faire que d'indiquer la lecture du *Manuel du Baigneur à Bagnères-de-Bigorre*, due à la plume élégante de M. A. Pambrun.

Les eaux *ferrugineuses* (2) abondent à Bagnères-de-Bigorre: on en trouve au reste un peu partout, mais elles sont en général mal exploitées, sauf dans la localité précitée. Le fer y est tenu en dissolution par un acide peu connu nommé acide *crénique*. Ces eaux

(1) Voici l'analyse de la source dite de Cazaux, la plus abondante en sulfate de magnésie :

(Eau : 25 litres, pesant 25 kilog.)

Chlorure de magnésium	6 gr.	25 c.
— sodium	2	80
Sulfate de chaux	42	90
— magnésie	11	95
Sous-charbonate de chaux	4	»
— magnésie	1	25
— fer	2	45
Matière résineuse	»	15
— extractive végétale	»	30
Silice	■	80
Perte	1	10

73 gr. 95 c.

(2) Voici l'analyse des eaux de la fontaine ferrugineuse de Bagnères-de-Bigorre, donnée par MM. Boulay et O. Henry :

(Eau : un litre.)

Chlorures de magnésium et de sodium; carbonates de soude et de potasse; chlorure de potassium.	0 gr.	0194
Sulfates de soude et de chaux ; silice et alumine.	0	0141
Carbonate terreux.	0	0097
Crénate de fer	0	0053

0 gr. 0485

laissent, comme on peut le voir sur la route de Pierrefite à Cauterets et à Luz, des dépôts de limonite sur
les roches le long desquelles elles suintent et deviennent ainsi les coloristes de nos grandes scènes de
rochers.

On trouve fréquemment dans les Pyrénées des eaux
chargées de chaux carbonatée qui produisent des tufs,
des travertins, des stalactites et des stalagmites. Il
serait ici superflu d'indiquer les localités.

EAUX THERMALES DES PYRÉNÉES.

—

PYRÉNÉES-ORIENTALES.

		Température.
St-Etuve-au-Tech......	sulfureuse....	70 5 centig.
Le Vernet.............	—	56 9
Olette...............	—	75 1
Escaledieu...........	—	61 2

HAUTE-GARONNE.

Ax...................	sulfureuse....	82 5
Cascanière..........	—	53 0

LUCHON :

Bayen...............	sulfureuse....	67 0
Grotte supérieure.....	—	60 0
Grotte inférieure.....	—	56 3

HAUTES-PYRÉNÉES.

BAGNÈRES-DE-BIGORRE.

Thermes : Dauphin.......	saline.....	43 8
La Reine......	—	46 3
Roc de Lannes.	—	45 0
St-Roch........	—	41 0
Le Foulon.....	—	34 4
Des Yeux......	—	29 6

Température.

Bellevue	—	....	46 1 centig.
Carrère-Lannes	—	....	34 5
Cazaux	—	....	51 5
Fontaine Nouvelle	—	....	36 4
Filet du Dauphin	—	....	44 0
Frascati	—	....	40 5
Grand Pré	—	....	34 8
Lasserre	—	....	38 7
Mora	—	....	49 7
Petit Bain	—	....	46 5
Petit Barège	—	....	33 5
Petit Prieur	—	....	38 0
Pinac	—	....	42 0
Salut	—	....	32 5
Santé	—	....	31 5
Théas	—	....	51 25
Versailles	—	....	34 8
Salies	—	....	51 25
Fontaine Ferrugineuse		....	11 à 18.
Labassère	sulfureuse.		
Capvern	saline	....	22 0
Cadéac	—	.	

BARÈGES.

Grande douche	sulfureuse	....	42 8
Buvette	—	....	43 0
Petite douche	—	....	42 5
St-Sauveur	—	....	35 0

CAUTERETS.

La Raillère	—	....	38 1
Le Pré	—	....	47 1
Mahourat	—	....	49 7
Les Œufs	—	....	55 0
César	—	....	48 1

BASSES-PYRÉNÉES.

Salies, eau chargée de chlorure de sodium.

EAUX-CHAUDES.

Le Clot .... sulfureuse.... 35 7

EAUX-BONNES.

		Température.
La Vielle............	—	33 2 centig.
La Neuve............	—	31 0

LANDES.

| Dax................. | — | 72 0 |

Genre *carbone*.

Acide carbonique. Il se dégage dans les grottes à stalactites ; il peut y vicier l'air au point de le rendre impropre à la respiration. Nous engageons très instamment les explorateurs à faire descendre dans les gouffres qu'ils veulent parcourir une lanterne allumée. Partout où la flamme s'éteint la vie s'éteindrait comme elle. L'histoire de la *Grotte du chien* dans les environs de Naples est connue de tout le monde.

Genre *silicium*.

Quartz hyalin. Connu de tout le monde sous le nom de *cristal de roche*.

Il abonde dans nos terrains schisteux de transition. Sa forme ordinaire est le prisme hexaèdre régulier. Souvent une des faces terminales de la pyramide prend une très grande extension aux dépens des autres. On le trouve limpide dans les environs de Barèges et de Cauterets, coloré en violet au pic d'Arbizon et à Grip, vert près de Barèges, rubigineux à Bastènes, parsemé d'amiante, d'épidote et de chlorite au pic d'Ereslids.

Quartz compacte. Quartzite formé par le métamorphisme du grès.

3

On le remarque au port de Cambiel dans la vallée
d'Aure. La plus grande partie des galets employés
pour macadamiser les routes parallèles à la chaîne
des Pyrénées, depuis Pau jusqu'à St-Gaudens, sont
des quartzites noirâtres, olivâtres, rouges, blancs,
entrelardés de petits cristaux de pyrite ferrugineuse.

Quartz silex. Compacte, blond, noirâtre, noir,
rarement offrant l'aspect de la pierre à fusil
proprement dite.

On le trouve en rognons à Montgaillard, dans le
terrain crétacé, dans les divers étages de la même
formation. On l'observe en plaques à St-Jean-de-Luz,
à Rébénac, à l'Escaledieu, etc.

Quartz thermogène. Produit probablement par
des dépôts de gelée siliceuse ou par des éruptions
analogues aux geysers de l'Islande.

Petites masses contournées, calcédoniques, dans les
argiles à Latour près St-Gaudens; sous forme de matières spongieuses, cellulaires, légères, nectiques, à la
Serre de Pouzac.

Quartz jaspe. Appartient aux terrains crétacés.
On le trouve en masses rouges, dans le bois de
Méniquou près de Lourdes.

Quartz grès. Agglomération de grains quart-
zeux avec ou sans ciment.

Le grès blanc abonde dans les Landes où il sert à
paver les routes et les rues des villes. Il ressemble au
grès de Fontainebleau dont on pave Paris. Nous
avons déjà indiqué les lieux où se trouve le grès rouge.
A l'entrée du cirque de Gavarnie on observe des grès
argileux.

Genre *soufre.*

Le soufre se trouve en plaques dues à la sublimation aux environs des sources thermales, à Luchon et ailleurs. On l'a remarqué dans la craie de Salies, d'Orthez, de Dax.

DEUXIÈME CLASSE.

SELS ALCALINS.

Nous avons parlé de ces sels à l'article des eaux thermales.

TROISIÈME CLASSE.

TERRES ALCALINES ET TERRES.

Genre *baryte.*

Baryte sulfatée. Remarquable par son poids et son aspect lamellaire.

On trouve la *baryte sulfatée* à l'état lamellaire à Gèdre, où elle forme la gangue d'un plomb sulfuré argentifère ; au passage des Gloriettes qui conduit de la vallée de Héas à celle d'Estaubé ; dans le Guipuzcoa, etc.

Genre *chaux.*

Chaux carbonatée. C'est la substance constitutive de toutes les montagnes calcaires. On peut en reconnaître la présence à l'aide d'une goutte d'acide nitrique, qui manifeste à la surface du fragment une vive effervescence. Exposée à la chaleur d'un feu ordinaire, elle se change en chaux en perdant son acide carbonique. Elle se présente sous les aspects les plus divers.

Chaux carbonatée. Le comte de Bournon a décrit plus de huit cents formes propres à la chaux carbonatée. On peut chercher quelques-uns de ces aspects cristallins dans les druses et les géodes propres aux roches calcaires des terrains sédimentaires de nos Pyrénées. On comprend que nous devons renoncer ici à donner des détails topographiques. Nous rappelons seulement ici qu'on a recueilli récemment de beaux groupes de chaux carbonatée métastatique couleur lie de vin sur le versant méridional du Marboré. Dans les environs d'Orthez et à Biaritz, on observe des masses considérables de chaux carbonatée à cristaux rayonnants, couleur de miel.

La chaux carbonatée *saccharoïde*, ainsi nommée parce que sa texture grenue rappelle celle du sucre, forme la base des marbres dont les Pyrénées sont si richement dotées. C'est ici le lieu d'en donner une liste que nous classerons selon l'aspect général.

I. Marbre *homogène*: Le blanc se trouve à St-Béat, Sost, Louvie, Gabas; le noir ne se trouve point dans les Pyrénées.

II. *Rubanné*, bleu fleuri, à Louvie.

III. *Stalactites,* à Bize-Nistos, au Bédat.

IV. *Amygdaloïde* rouge et vert; à Paillole, vert de moulin, à Sost; Hortensia, à Luchon; brun et vert à Vielle-Louron, Herechède.

V. *Coquillier:* avec nérinées, à Bize; avec serpules, à Bize, à Iseste; avec hyppurites, à Lechette; avec goniatites? à Grézian; avec coquilles indéterminées, à Arrudi, à Lourdes, à Méniquou.

VI. *Brèchiforme* (1) noir, jaune et blanc, à Traubat (Barousse); noir et jaune, à Agos; rougeâtre et noir, à Asté; brèche dite *universelle*, à Traubat; brèches de couleurs diverses, à Barbazan, Médoux, le Bédat, Salut, Beaudéan, la Gailleste, Aula (Barousse), Bize, Sauveterre (Haute-Garonne); poudingue, à Tournay.

VII. *Varié*, formé comme par l'effet d'un précipité; Sarrancolin, Sost, Lignac près Cierp; jaune Larrey, de Beaudéan; Mazagran, de Campan; Amaranthe, de Lesponne; Nankin, de Manious (Gers), non loin de Cier; jaune de Castéra (Gers); St-Anne, d'Arrudi; étourneau, de Bize.

Nous parlons ici des marbres qui peuvent s'exploiter en grand; quant aux accidents remarquables, ils sont innombrables et ils défient toute description. C'est principalement à Bagnères que ces beaux marbres sont travaillés, et c'est avec un intérêt toujours nouveau que l'étranger visite les magnifiques ateliers de M. L. Géruzet, dont M. Costallat a été le créateur, ainsi que ceux de MM. Cantet, Cazenave, Gandy et Védère, Lhez, Rives, etc.

Chaux carbonatée compacte, terreuse, marneuse, etc. Ces variétés se retrouvent dans les formations sédimentaires dont nous avons parlé plus haut. Les calcaires crétacés et nummulitiques contiennent, comme on sait, des myriades d'animaux observés et classés par M. Ehrenberg. Ce savant a pu reconnaître qu'un bloc d'un pied cube de substances crétacées contient plus d'un million de polythalamies et de nautilites; il a aussi constaté que les animaux microscopiques du terrain à nummulites du midi sont analogues

---

(1) On appelle *brèche* une agglomération de fragments anguleux réunis par un ciment naturel. Lorsque les fragments sont arrondis la roche prend le nom de Poudingue.

à ceux qui abondent dans la craie du nord, tandis que ceux des terrains tertiaires sont différents.

Chaux carbonatée hydraulique. La présence de l'alumine dans une certaine proportion donne à la chaux la précieuse propriété de se durcir dans l'eau. La découverte des pierres calcaires susceptibles de donner une telle chaux n'est donc pas sans valeur.

On en rencontre à Gourgue (Hautes-Pyrénées); celle de Guétari, près St-Jean de Luz, donne un excellent ciment. L'odeur argileuse qu'une pierre calcaire émet quand on l'humecte de l'haleine suffit pour indiquer son hydraulicité.

Arragonite. Cette substance se trouve en beaux cristaux prismatiques dans les marnes de Bastènes (Landes), et à l'état fibreux dans les mines de Vicdessos (Ariége).

Dolomie. Cette chaux carbonatée, caractérisée par la présence de la magnésie, se rencontre dans les terrains qui ont subi l'influence du métamorphisme; elle est très développée dans les environs de Gavarnie et de Gèdre.

Chaux fluatée. Cette substance, qui cristallise ordinairement en cubes, forme la gangue de mines de plomb argentifère au fond de la vallée d'Aure, et dans les provinces Basques en Espagne.

Chaux sulfatée. Elle se rencontre presque toujours dans les lieux où l'ophite a soulevé immédiatement les strates crétacées; on peut l'observer soit en beaux cristaux séléniteux, soit en masses fibreuses, soit en masses grenues ou compactes, soit blanche, soit colorée en rouge par le fer, soit souillée d'argiles bleuâtres près de Montréjean, à Barlaix, à Lamarque près Pontac, à Ossun, à Bastènes, à Dax, à Salies, près Bayonne, à Biaritz. On retrouve la même substance dans les terrains liasiques près de Sarrancolin.

QUATRIÈME CLASSE.

—

MÉTAUX.

Genre *manganèse*.

Péroxide de manganèse hydraté. Il se trouve à l'état métalloïde argentin à Vicdessos, à Baïgorry. Un peroxide noir terreux se trouve dans les terrains tertiaires à Aurignac.

La pyrolusite se trouve dans la vallée d'Aure près Vignec, où elle est exploitée ; on l'a recueillie aussi dans la vallée de Louron et dans celle de St-Béat ; elle abonde dans les provinces Basques de l'Espagne.

Des dendrites, dues probablement au manganèse, se trouvent fréquemment sur les feuillets des marnes crétacées et jurassiques.

Genre *fer*.

Fer sulfuré. Vulgairement appelé *pyrite,* pris pour de l'or par les ignorants, reconnaissable à son éclat et à sa dureté qui surpasse celle de l'acier, abonde dans toutes les formations, surtout dans les ardoises dont elle tapisse les feuilles en brillants cristaux cubiques. Il serait oiseux d'indiquer ici les localités.

Nous signalerons les pyrites des carrières de *Salut* près Bagnères-de-Bigorre, qui, par suite de leur décomposition, ont perdu leur soufre et présentent de petits cubes, quelquefois maclés, de peroxide de fer.

Dans les environs de Gèdre on rencontre des pyrites blanchâtres qui passent facilement à l'état de sulfate de fer. Les pyrites des Pyrénées n'ont aucune valeur métallurgique.

Pyrite arsénicale. Je l'ai rencontrée au col qui sépare St-Sauveur de Cauterets. C'est dans les terrains de transition qu'il faut chercher cette substance.

Fer oxidulé. Il se trouve disséminé en petits grains dans l'ophite. On le trouve en masses grenues dans les mines de fer de Guipuzcoa, en cristaux octaédres à Pouzac.

Fer oligiste ou *micacé.* Remarquable par son éclat, lorsqu'il est à l'état métalloïde, passant à l'état de sanguine lorsqu'il est compacte ou rayonné. Abondant dans plusieurs localités des Pyrénées. A l'état spéculaire, on l'observe dans les ophites et dans les roches qui ont été modifiées par leur contact. A l'état compacte et terreux, il devient l'objet d'importantes exploitations dont les plus étendues sont dans le Guipuzcoa et dans l'Ariége.

Fer oxidé hydraté. Ce minérai diffère des premiers en ce que sa poussière est d'un brun foncé, tandis que celle du fer oligiste est rouge. L'énumération des lieux où se trouve le fer oxidé hydraté serait trop longue pour être insérée dans notre opuscule. Ceux qui désirent de plus complets détails peuvent consulter l'*Essai de Géognostique des Pyrénées*, par J. de Charpentier, et surtout l'ouvrage technique du baron de Dietrich sur les gites des minerais des Pyrénées. Nous nous contenterons de dire qu'on exploite le fer oxidé hydraté dans l'Ariége, dans les Landes, dans le pays Basque et dans le Guipuzcoa.

Le *fer carbonaté* se retrouve dans les localités précitées et dans plusieurs autres régions des terrains de transition.

Fer phosphaté bleu. En poudre sur une tourbe brunâtre, au fond d'un petit ravin situé au bas de la route qui conduit aux Palombières, près de Bagnères-de-Bigorre.

Fer sulfaté vert. Sur toutes les roches où suintent les eaux ferrugineuses.

Genre *cobalt.*

Cobalt arsénical. On l'exploitait autrefois dans la vallée de Gistain (Espagne). Il était de là transporté à Luchon où on le réduisait à l'état de *safre*. On le trouve, mais en petite quantité, au ruisseau de Rioumayou, près de St-Sauveur, dans la vallée d'Azun, à Juzet, près Luchon. C'est dans les terrains de transition qu'il faut chercher ce précieux minéral.

Cobalt oxidé noir. Il a été trouvé uni au manganèse oxidé à St-Lary, à trois lieues de St-Gaudens.

Cobalt arsénialé. Plusieurs auteurs parlent d'efflorescences cobaltiques, couleur fleur de pêcher, qu'ils auraient observées sur la surface des roches à l'entrée de la vallée de Héas.

Genre *nickel*.

Nickel arsénical. On le trouve bien caractérisé dans les environs de Laruns (Basses-Pyrénées), dans la vallée de Gistain (Espagne). Plusieurs auteurs parlent de celui du ravin de Rioumayou, près de St-Sauveur, où j'estime qu'il est désormais introuvable.

Genre *zinc*.

Zinc sulfuré. C'est encore dans les terrains de transition qu'il faut chercher ce minéral. Il se trouve dans le Couzerans, à Montauban, près Luchon, au lac d'Espingo, dans la vallée de Lesponne, à Chaise, à Viscos, sur les hauteurs de Pierrefite, dans le territoire d'Arras, d'Aucun, de Cérès, de Gazost, à Luchon, à St-Jean-Pied-de-Port (Basses-Pyrénées), dans le Guipuzcoa.

Zinc carbonaté. C'est dans les localités précitées qu'il faudrait chercher soigneusement le zinc carbonaté, bien autrement précieux que le précédent. Dans le Guipuscoa et dans les Asturies on l'exploite avec avantage. On trouve dans ces gisements de magnifiques échantillons de zinc oxidé d'un blanc pur et inaltérable, qui se présentent sous forme de stalactites.

Le zinc carbonaté affecte celles de pierres compactes, de roches cariées, poreuses, argyloïdes. Il faut une
grande habitude pour les distinguer. Souvent il faut
avoir recours au chalumeau qui développe un déga-
gement d'oxide blanc de zinc très reconnaissable. Il
est probable que nos Pyrénées n'en sont pas dépour-
vues.

Zinc silicaté. On le trouve en masses rayonnantes
et cristallisées dans plusieurs des localités précitées.

Genre *antimoine.*

Antimoine sulfuré. M. de Charpentier signale la présence de l'antimoine sulfuré aciculaire dans la mine
de Bergopzoom à Baïgorry (Basses-Pyrénées). Quelques-unes des galènes du Guipuzcoa sont antimo-
nifères.

Genre *mercure.*

Mercure sulfuré. J'ai vu dans la collection de M. Nu-
nez, à St-Sébastien, des échantillons de mercure sulfuré, pulvérulent (cinabre) provenant du prolongement des Pyrénées vers les Asturies.

Genre *plomb.*

Plomb sulfuré (galène). D'un gris métallique fort
brillant, donnant sur la flamme du chalumeau de
petites globules de plomb, très souvent argentifère,
surtout lorsqu'il est grenu, ce minerai se trouve sur
une multitude de points dans nos formations de
transition. Il est reparti en gîtes de contact. On sait
que ce gisement est très irrégulier et trompe souvent
l'attente du mineur. En certains lieux, il est mêlé
avec de la *blende* (zinc sulfuré), avec le cuivre sulfuré et le fer carbonaté. Il a pour gangue des schistes
talqueux, la chaux carbonatée compacte ou cristalline,

la chaux fluatée, la baryte sulfatée. Nous devons nous contenter ici d'indiquer les principaux gîtes de plomb sulfuré qui sont : les vallées d'Aulus, d'Ustou, de Comîlans, de Seix, de Massat, d'Aléou et de Ballongue dans l'Ariége; les vallées de St-Béat, de Luchon, de Lys, de l'Arboust et de Nasto, dans la Haute-Garonne; les vallées de Louron, d'Aure, de Lavedan, de Gavarnie, de Héas, de Luz, de St-Savin, de Davantaïgues, de Castel-Loubon, d'Azun, dans les Hautes-Pyrénées; les vallées de Baïgorry; d'Ossau, d'Aspe, de Baratous, dans les Basses-Pyrénées; dans le Guipuzcoa et les Asturies en Espagne. Le plomb *carbonaté* a été observé dans ces dernières localités.

Genre *bismuth*.

Bismuth sulfuré. Le baron de Dietrich signale l'existence du bismuth sulfuré au Turon d'Aran, près de Laruns. Ramond et de Charpentier parlent du bismuth que l'on trouvait au ruisseau de Rioumayou.

Genre *cuivre*.

Le *cuivre natif* et *oxidé* se trouvent dans les mines de Guipuzcoa et des Asturies.

Le *cuivre pyriteux* ou *sulfuré*, remarquable par sa belle couleur jaune souvent irisée, se trouve et s'exploite en plusieurs lieux de nos régions Pyrénéennes. Voici les principales localités où on peut en recueillir des échantillons : vallées de Lordadet, Bastide, de Séron, de Larboust, d'Aulus, d'Ustou, de Seix, de Ballongue, d'Amboise et d'Arboust, dans l'Ariége; de St-Béat, de Luchon, d'Estenos, de Nasto, dans la Haute-Garonne; de Louron, d'Aure, de Gavarnie, de Héas, de Cauterets, d'Azun, dans les Hautes-Pyrénées; de St-Pé, d'Asson, d'Aspe, de Barétous, d'Atene, de St-Etienne, de Baïgorry, dans les Basses-Pyrénées; dans le Guipuzcoa et les Asturies en Espagne.

Le *cuivre carbonaté vert et bleu* se trouve associé avec les pyrites cuivreuses des localités précitées, ainsi que le cuivre gris et la panabase. Les exploitations ne sont pas bien importantes dans nos Pyrénées françaises; celles de Baïgorry qui étaient les plus célèbres sont à peu près abandonnés.

Genre *argent.*

Argent natif. Il a été trouvé en petites ramifications vermiculaires près de Laruns.

Argent sulfuré. Dans la localité précitée, et dans les environs de St-Jean-Pied-de-Port. C'est dans les plombs sulfurés qu'il faut chercher la production de l'argent. Elle se réduit à très peu de choses dans nos Pyrénées. Il n'en est pas de même des provinces espagnoles, où les galènes sont très riches en argent et où les métallurgistes ont eu l'adresse de retirer de riches produits de ce que les anciens mineurs regardaient comme improductif.

Genre *or.*

On parle beaucoup de l'or des Pyrénées; d'après certaines descriptions plus ou moins poétiques, il semble qu'il n'y aurait qu'à frapper la terre pour en recueillir des masses. Je dois avouer que non seulement il ne m'a pas encore été donné de toucher du doigt une pépite quelconque, mais je n'ai encore rencontré personne qui m'ait déclaré positivement en avoir vu la moindre parcelle. Toutefois, il est certain qu'on exploitait les sables de quelques-uns des torrents de l'Ariége, pauvre et stérile industrie qui aujourd'hui est à peu près entièrement délaissée; les orpailleurs ayant trouvé qu'un seul ouvrier travaillant aux champs gagne plus en une journée que tout une famille lavant et tamisant du sable à la recherche de l'or.

Le baron Dietrich indique les localités suivantes : La Bastide-de Séron, Pamiers, les ruisseaux de Nert et de Sala dans la vallée de Seix (Ariége).

CINQUIÈME CLASSE.

SILICATES.

Ces minéraux ont tous l'aspect pierreux et presque toujours cristallin.

Genre *silicates alumineux*.

Andalousite. A été trouvée en prisme droit, translucide, gris rosâtre, dans un quartz roulé des hauteurs de la vallée de Lesponne. Gisement inconnu. M. Dufresnoy cite des cristaux de la même substance recueillis au port d'Oo.

Les Pyrénées abondent en une substance minérale qui paraît devoir prendre place à côté de l'andalousite. Elle est souvent désignée sous le nom de *macle*. Elle se trouve dans les schistes métamorphosés de la vallée de Lesponne, du Pic du Midi, des tristes régions des pics de Campana, de l'Espade, d'Arbizon, près de Cauterets, dans la vallée de Pragnères, etc. Les cristaux de cette andalousite se confondent par leur couleur avec les schistes où ils sont disséminés, mais leur dureté leur permettant de résister à l'influence de l'érosion et des agents atmosphériques, les laisse en saillie prononcée à la surface de leurs gangues. Cette substance très caractéristique de nos schistes pyrénéens est encore assez mal définie.

Les *macles proprement dites* sont mieux déterminées. On trouve les variétés monochrôme, circonscrite, pen-

tarhombique, tétragramme dans la vallée de Luchon.
au Pic du Midi, dans le vallon de Bisourtère, dans
celui de Pragnères, et surtout au cirque de Héas.

Silicates alumineux hydartés.

Argiles. On sait que ce nom s'applique à des
substances très diverses, connues par des carac-
tères physiques communs, dont le principal est
d'absorber l'eau, de faire pâte avec elle et d'in-
tercepter son écoulement. Elles donnent par
l'expiration une odeur bien connue.

Le *Kaolin* ou argile à porcelaine, produit de la
décomposition naturelle du feldspath, se trouve à
Laruns, à Loucrup, dans la vallée de Luchon. Les
argiles *talqueuses* se trouvent dans les terrains qui
ont subi l'influence d'un métamorphisme énergique.
à Pouzac, au Castel-Mouli, à Lhéris. Les argiles *plas-
tiques* ou susceptibles de prendre des moulures et
employées à la fabrication de la faïence, se trouvent au pied de la chaîne dans les terrains crétacés et
jurassiques. Les argiles *calcaires* ou *marne* se recueil-
lent dans les terrains tertiaires, intercalées dans les
plus humbles collines.

Genre *silicates d'alumine, de chaux* et ses isomorphes.

Grenat. Le grenat, remarquable par sa cristallisation presque toujours nette et se présentant souvent
sous la forme du dodécaèdre rhomboïdal, est très
abondant dans les Pyrénées. Dans les terrains jurassiques métamorphosés, il a pour gangue une dolomie
saccaroïde; dans les terrains de transition qui ont
subi la même influence, on l'observe dans des gneiss
et dans des schistes micacés; on le retrouve enfin
dans le granite lui-même.

Les grenats appartenant au premier gisement abondent en chaux; ils ont des couleurs peu prononcées: rouge, rose, nankin, blanc; ils sont quelquefois assez purs et nettement cristalisés, d'autrefois amorphes et compactes, presque toujours associés à l'idocrase cristalisée. Cette substance traverse quelquefois les cristaux de grenat. On peut en recueillir au Pic d'Arbizon, aux environs du Lac Bleu, dans la montagne de Peguère à Cauterets.

Les grenats appartenant aux terrains de transition, sont désignés par le nom de grenats *almandins*. On les observe dans les environs de Barèges, de Gèdre, au Chaos, ou dans les environs de Barèges, du Pic du Midi, dans les quartiers du Tourmalet et d'Aygue cluse. C'est dans ces dernières régions et au Pic-d'Ereslids qu'on peut recueillir le grenat noir dit *mélanite*, substance qui est devenue assez rare. Le granite grenatique se trouve dans les environs de Gèdre.

Idrocrase. Cette substance se rencontre à l'état cristallin dans les gisements caractérisés par la présence des grenats calcaires. Je l'ai trouvée aussi disposée en rosettes rayonnantes à la montagne de Péguère à Cauterets. M. de Lapeyrouse en avait trouvé de semblable dans le cirque d'Arec, au pic d'Arbizon.

Épidote. L'épidote verte et jaune abonde dans les terrains directement métamorphosés par l'ophite. On l'observe à Pouzac, dans la région du Lac Bleu et du Lac Vert, au pic d'Ereslids. Dans cette dernière localité, on remarque des aiguilles de *schorl* de couleur olivâtre engagées dans des cristaux de quartz. Les roches dites *lherzolite* de l'Ariége abondent en épidote.

La *pistacite*, autre variété de la même substance, se trouve engagée dans des substances ophitiques au Castel-Mouli et au fond de la vallée d'Asté.

Genre *silicates alumineux et alcalins avec leurs isomorphes.*

Feldspath. Il entre dans la composition de tous les

granites. Il y parait aussi en grands cristaux maclés, quand ces granites passent à l'état porphyroïde, comme nous l'avons déjà dit. On le trouve dans le massif des montagnes qui s'élèvent au sud de Barèges en cristaux plus ou moins nets associés à l'amiante. Le *pétrosilex* ou feldspath compacte se trouve en abondance dans les terrains anciens métamorphosés, dans la vallé d'Arau, à Aragnouet, au pont des Douroucats entre Luz et Gavarnie, dans les environs de Barèges, à Génos à l'entrée de la vallée de Louron. Dans ces dernières régions, il se présente sous les formes d'une roche rubannée de rouge, de vert et de blanc. Cette belle roche vient d'être travaillée pour la première fois par M. Léon Géruzet.

Pinite. La pinite se trouve engagée dans un granite des environs de Gèdre. On la reconnaitra à sa cristallisation prismatique, à sa couleur verdâtre et à son peu de dureté.

Dipyre. Il a été observé pour la première fois à Mauléon (Basses-Pyrénées) et aux environs d'Angoumer (Ariége). On le trouve abondamment à Pouzac, engagé sous une argile talqueuse grisâtre. Il est en petits cristaux blanchâtres et prismatiques.

Couzeranite, minéral particulier au Pyrénées, observé pour la première fois dans le Couzeran. On le retrouve dans un grand nombre de roches métamorphosées, à Pouzac, à Gerde, au col de Tortes, au Tourmalet, près de Vicdessos, au port d'Aulus, dans la vallée d'Erce.

SILICATES ALUMINEUX HYDRATÉS.

Mésotype. Une mesotype zéolithe remplit les druses et les cellules d'une roche amphibolitique des environs du Lac-Bleu.

Stilbite, reconnaissable par son éclat nacré et scintillant, se trouve en plaques et en cristaux au ravin de Rioumayou près de St-Sauveur, et dans les flancs de la montagne de Péguère, de Cauterets.

Préhnite koupholite. Cette variété de préhnite, composée de petites plaques cristallines entrelacées, très fragiles et de couleur olivâtre, se trouve au ruisseau de Rioumayou. On parle d'une préhnite cristallisée qu'on trouvait au pic d'Ereslids, près Barèges. Ce minéral n'existe plus que dans quelques collections de l'époque de M. Ramond.

Chlorite. Cette substance, d'une couleur vert olive, et quelquefois vert pré, friable et onctueuse, se trouve en petits amas dans les quartz des terrains de transition métamorphosés. Il serait oiseux d'indiquer les localités.

La *Gédrite*, ainsi nommée parce qu'elle a été découverte à Gèdre et signalée pour la première fois par M. le vicomte d'Archiac de St-Simon, est en masses cristallines à texture radiée, ayant quelque ressemblance avec l'*augite* dont elle n'est peut-être qu'une variété. C'est près de Gèdre, à l'entrée du val de Héas, qu'il faut la chercher.

Genre *silicate non alumineux.*

Wollastonite, nommée aussi *spath en table*, parce qu'elle est éminemment lamelleuse. On la trouve dans la vallée supérieure qui conduit au Lac-Bleu.

Talc. Nous ne possédons pas le beau talc vert qui abonde au St-Gothard. Toutefois, nos terrains métamorphiques offrent une grande variété de substances talqueuses qu'il serait oiseux d'énumérer. Quelques savants attribuent la formation du goître à la présence de cette substance dans les eaux. Il est de fait que les lieux où cette hideuse infirmité se reproduit avec le plus d'intensité, St-Mamet, près Luchon, Gerde et Asté, près Bagnères-de-Bigorre, le territoire de Davantaïgue, dans la vallée d'Argelés, la vallée d'Azun, etc., sont des régions éminemment talqueuses par suite d'un métamorphisme très prononcé. Quand donc se formera-t-il dans nos contrées *une société pour l'extinction du goître!*

Stéatite. Cette substance onctueuse et blanche se trouve associée à tous nos gisements de talc. J'en dirai de même de la *serpentine* qui en général n'est pas bien caractérisée dans nos régions.

Silicates de fer.

On trouve de petites masses d'un beau vert dans les grès que j'ai signalés à Bidache, à Rébénac, etc. qui appartiennent à ce genre.

Amphibole. Elle est désignée par divers noms suivant sa couleur : *hornblende*, verte foncée ; *actinote*, verte brillant ; *trémolite*, blanche ; *cornéenne*, quand elle est compacte. Elle forme la base de l'ophite, de la diorite et de plusieurs traps déjà indiqués, et elle a été introduite en cristaux de divers aspects dans les roches voisines des éruptions de ces substances pyroïdes. On trouvera de belles amphiboles à Pouzac. J'ai trouvé de beaux échantillons de trémolite sur dolomie dans la région du Lac-Vert.

Pyroxène. Plusieurs roches feldspathiques provenant des hauteurs de Barèges et chariées dans le Bastan présentent des cristaux bien caractérisés de pyroxène. Ce minéral forme la base de la *lherzolite*, roche observée d'abord sur les bords de l'étang de Lherz dans l'Ariége, trouvée depuis sur toute la ligne parallèle qui s'étend de cette localité jusqu'à St-Béat. A Médoux, près Bagnères, la brèche dite *universelle* renferme des nodules de lherzolite.

Asbeste, amianthe, liège de montagne. Cette substance fibreuse, ligniforme, ayant quelquefois un aspect soyeux, d'autrefois plus compacte, est composée de cristaux très fins de pyroxène ; sa flexibilité est telle que les anciens la filaient pour en faire des tissus incombustibles.

De nombreuses variétés d'asbeste abondent dans les Pyrénées, surtout dans les régions métamorphiques du Tourmalet et de Barèges. L'asbeste s'y trouve engagée dans des roches feldspathiques, siliceuses, calcaires. Il y en a une variété curieuse fortement colorée

en jaune par le fer. J'ai vu une masse d'asbeste ligniforme de plus d'un mètre de longueur.

Diallage. Quelques roches pyroxéniques des environs de Gèdre offrent un aspect qui pourrait les rap-
procher du diallage.

Genre *silico-fluates.*

Mica. Plusieurs personnes le confondent avec
le talc ; le mica est essentiellement élastique ; le
talc est flexible et onctueux sans aucune élasti-
cité.

Le mica abonde dans les roches granitiques. Dans
les environs de Luchon, il est groupé en gerbes, ce
qui le faisait nommer mica *palmé.* Dans les granites
de Néouvieille et de Cauterets, il est noirâtre et de
très petite dimension.

Genre *silico-borates.*

Tourmaline. On trouve très fréquemment des cristaux de tourmaline noire, engagés dans des granites
dits *pégmatites,* au lac d'Oo, à la montée d'Arisé, au
Pic du Midi, dans la vallée de Lesponne, à Gavarnie et
en général dans toutes les régions granitiques.

Axinite. Tous les auteurs parlent de l'axinite des
Pyrénées ; il est certain que les cristaux nettement
formés de cette substance sont aujourd'hui à peu
près introuvables. C'est au pic d'Ereslids qu'on allait
les chercher autrefois. On trouve une axinite en
petites plaques disséminées dans une roche feldspathique au lac de Peyrelade. Le muséum de Toulouse
offre de très beaux échantillons d'axinite cristallisée
provenant de nos contrées.

Genre *silico titanates.*

Sphène. J'ai observé dans des gneiss erratiques de

la vallée de Lesponne de petits cristaux jaunâtres qui me paraissent appartenir à ce minéral.

SIXIÈME CLASSE.

—

COMBUSTIBLES.

Bitumes. On trouve des bitumes dans les terrains crétacés des environs d'Orthez, dans les terrains tertiaires de Bastènes et à Gaujac. On l'emploie dans la peinture, et comme asphalte pour les enduits, dallages, etc.

Graphite noir et traçant, se trouve dans les terrains de transition comme on peut l'observer au Pic du Midi, au cirque de Héas, au ruisseau de Rioumayou. Dans le Guispuzcoa, le graphite se trouve à l'état écailleux, éclatant, et aussi compacte et susceptible d'être employé pour la fabrication des crayons dits *Mine de plomb.* Il serait important de faire des recherches au cirque de Héas où ce minéral paraît offrir une grande pureté, où peut-être il passe aussi à l'état de véritable anthracite susceptible d'être employée à titre de combustible.

Anthracite. On exploite avec avantage l'anthracite dans les terrains anciens d'Hernani et autres localités des provinces Basques de l'Espagne. Des terrains analogues de nos Pyrénées centrales paraissent dépourvue de ce précieux minéral.

Houille. Nous avons déjà dit qu'une houille appartenant aux terrains de transition s'exploitait dans les flancs de la Rhune.

Lignites. Le lignite compacte ou *jayet* s'exploite et se travaille en parures de dames à Ste-Colombe (Aude).

Le lignite fibreux ou bois fossile se trouve sur une ligne parallèle aux Pyrénées, depuis Biaritz jusqu'aux landes de Lannemezan et probablement au-delà.

Tourbe. Une tourbe fibreuse s'exploite aux environs d'Ossun. Une terre tourbeuse se trouve dans plusieurs bas-fonds des vallées inférieures dans une multitude de localités.

V.

ITINÉRAIRES GÉOLOGIQUES.

Nous allons maintenant nous offrir comme
guide à l'étranger qui visite nos montagnes.....
Je ne parle pas ici du touriste vaniteux et éche-
velé qui, doué pour tout mérite d'un jarret
d'acier, franchit à la course nos vallées et nos
crêtes, moins pour jouir de leur splendeur et
pour interroger les mystères de leur formation,
que pour se vanter au retour d'avoir franchi en
une semaine des régions qu'un autre n'a pu
parcourir qu'en un mois, rentrant chez lui sans
avoir rien vu, ni rien appris..... Je parle de
l'explorateur sérieux qui part de grand matin,
armé d'un marteau pour écorner les roches, d'un
chalumeau pour les examiner par la voie sèche,
d'un flacon d'acide pour distinguer les calcaires
par la voie humide, muni d'un portefeuille pour
ses notes, et d'une bonne dose de courage et de
persévérance pour utiliser ses aventureuses ex-
cursions. Alerte, joyeux, libre, maître de ses

mouvements, voyant l'univers s'ouvrir devant
lui quand le temps lui sourit, sachant, pendant
l'orage, se contenter d'un modeste abri (il faut si
peu de place pour abriter un homme!) pour
lui le temps passe avec la rapidité d'un beau
songe; bientôt il atteindra le terme du voyage;
après le labeur du jour, tout lui sera jouissance;
le repas, le repos, le souvenir, les collections
qu'il étale et qu'il classe, les notes qu'il rédige,
le dessin qu'il achève, et par dessus tout le sen-
timent qu'il a bien utilisé des jours de vacances,
car ces courses aventureuses ne sont pas la vie
de cet homme, elles forment un épisode dans la
vie, c'est le repos actif après de plus sérieux
travaux.

Tel est le compagnon de voyage que nous
nous offrons de guider, non sur le sentier mal
défini des théories, mais sur le terrain plus vul-
gaire des faits et de l'observation pratique.

Fidèle à notre principe de ne parler que de ce
que nous avons pu recueillir par notre propre
observation, nous nous bornerons à quelques-
unes des régions que nous avons souvent parcou-
rues nous-même, laissant à d'autres le soin de
compléter nos itinéraires.

ENVIRONS DE BAGNÈRES-DE-BIGORRE [1].

Bagnères-de-Bigorre. Cette charmante petite

(1) Nous publions dans ce moment une carte en relief des environs
de Bagnères, sur la dimension d'un quatre-vingt-quatre millième de
la grandeur réelle. Ce relief peut faciliter les recherches des géologues
aussi bien qu'il peut aider les touristes dans leurs courses pittoresques.

ville doit servir de centre et de point de départ aux explorateurs, soit parce qu'elle est située dans une région très intéressante, soit parce que jusqu'ici c'est la seule ville qui possède des collections de géologie et de minéralogie. M. Philippe réunit depuis longtemps les minéraux caractéristiques de nos environs et donne en hiver des leçons publiques où il nous fait part de sa longue expérience. M. Davezac forme une magnifique série des roches pyrénéennes. Un de nos magistrats, M. Laguens, possède une collection de très grand prix. Nous serons nous-même heureux d'ouvrir aux explorateurs notre modeste musée. C'est aussi à Bagnères, on le sait, que se travaillent nos marbres si variés et qu'on exploite les eaux thermales les plus diverses.

Bagnères est bâti sur une plaine limitée par les montagnes calcaires jurassiques soulevé par des éruptions d'ophite qu'on peut observer au pied des deux chaînons latéraux; la plaine elle-même, d'une richesse remarquable, est formée par des alluvions où l'on reconnaît sans peine les débris des cimes dominantes. J'invite les curieux à explorer le lit de l'Adour où il peut se procurer sans peine une série complète des roches caractéristiques de nos formations pyroïdes.

Route de Bagnères à Tarbes. On suit les alluvions dont nous venons de parler. Au-delà de

Montgaillard, à gauche, observez un monticule coupé par la route; il est composé de blocs arrondis ayant formé probablement la moraine inférieure du grand glacier qui a transporté les blocs erratiques observés aux Palombières et ailleurs. Ici le granite est en pleine décomposition. A droite, au-delà de l'Adour, on observe des carrières de craie avec silex en rognons et en plaques.

Vallée de Trébons. Au camp de César, granite soulevant des schistes calcaires; à la partie supérieure, on remarque vers le sud-est des quartz très blancs; plus haut, des argilolites ophitiques cellulaires qui méritent d'être étudiées. La vallée de Trébons, que l'on prend plus loin à gauche, s'ouvre dans des calcaires crétacés (peut-être jurassiques) métamorphosés, et passant plus loin à l'état d'ardoise. Cette roche offre d'excellents produits et est exploitée en grand. On remarque sur les vastes surfaces de ces ardoises des empreintes que l'on prendrait d'abord pour celles d'immenses végétaux, mais qui sont dues à des retraits et à des cristallisations confuses. Plus loin on atteint des falaises de calcaire jurassique mieux caractérisé, et près de la fontaine sulfureuse des terrains de transition remarquables par la présence d'une amiante rigide de couleur verdâtre. Au fond de la vallée se trouvent les schistes micacés et les roches plutoniques du Mont-Aigu.

Vallée de Labassère. A l'entrée à gauche, dans

4

un petit ravin, des fragments de calcaire jurassique avec serpules sociales, bivalves, etc. Un peu plus loin, à gauche, brèches composées de la même roche et argilolite ophitique cellulaire, semblable à celle que nous avons déjà indiquée. A Labassère, calcaires passant à l'état schisteux. Si au lieu d'arriver jusqu'au village on prend à gauche le vallon de la Gailleste, on se rend vers l'Elysée-Cottin ; plus loin, on pénètre dans un ravin très aride où se trouvent des empreintes de fossiles propres aux lias, bélemnites, ammonites, pentacrinites, peignes, gryphées. Au fond de cette vallée on arrive, à droite, aux *Portes d'Enfer*, fente produite dans le calcaire par un soulèvement ophitique remarquable. Abondance de tuf calcaire, dans les flancs du Castel-Mouli, grottes à stalactites. On peut rentrer à Bagnères par les hauteurs d'Estaillens où se trouve une petite grotte dont on a extrait des ossements et des brèches contenant des coquilles terrestres et des restes de petits rongeurs. En ce lieu se trouvent aussi de belles stalagmites. En redescendant à Bagnères par dessus la poudrière, on observe un soulèvement ophitique.

Vallée de Salut. Au-delà des bains, à gauche, carrière de calc-schiste ; dans les débris on peut recueillir des cubes de pyrite épigène. En revenant par les allées Maintenon, calcaire schistoïde rempli de cubes pyriteux de même nature, mais de petites dimensions. Dans les terrains

transportés, on remarque de beaux échantillons de schistes micacés maclifères.

Vallée de Lesponne. En sortant de Bagnères, on remarque une carrière à droite. Les petites cavités de ce rocher ont fourni un grand nombre d'ossements de mammifères, d'oiseaux et de reptiles, ainsi que des coquilles terrestres. Le calcaire s'y présente en gros blocs spathiques. Au-delà de Médoux, à droite, carrière où l'on exploite une brèche dite *universelle.* Plus loin et encore à droite, s'ouvre le vallon de Serris avec les fossiles caractéristiques du terrain jurrassique et des grottes à ossements. On entre dans la vallée de Lesponne après le village de Beaudéan. Cette vallée traverse de l'est à l'ouest des terrains jurassiques de transition et d'origine plutonique. A l'entrée se trouvent des bélemnites et autres fossiles peu reconnaissables. Plus loin, dans un vallon qui remonte vers le Monné, beau marbre turquin. Un second vallon à droite conduit au bois du Couret où se montre une éruption ophitique. Au-delà du village de Lesponne on entre dans les schistes micacés; à gauche, dans le quartier des Conques, se trouve le zinc sulfuré. Au fond de la vallée, il y a une bifurcation; le torrent à droite conduit à Pierrefitte par le col de Baran. On trouve près du lac Bleu des macles de grandes dimensions, et des cristaux de trémolite sur calcaire dolomitique. Le vallon de gauche conduit au lac de Lhéou (vulgairement lac Bleu). Ce vallon, surtout dans les parties supérieures, est très riche en minéraux divers, amphibolite, grenat et roche, idocrase, wollastonite, jade, dolomie, etc. Le lac de Peyrelade se trouve dans les bases du Pic du Midi; on y parvient de la vallée de Lesponne par les cabanes de Laya. On trouve dans ces régions des substances analogues à celles que nous venons d'indiquer ainsi que l'axinite. On a trouvé dans le torrent de Lesponne l'andalousite cristallisée.

Vallée de Campan. Elle commence à St-Paul. Elle est creusée dans le calcaire jurassique. On y trouve des grottes dégarnies de leurs stalactites. A Rimoulat, on observe un grès rouge qui appartient probablement aux marnes irisées. Sur les hauteurs de Houn-Blanco, des roches de quartzite blanc, d'où proviennent probablement les blocs erratiques des Palombières et des environs de Bagnères. On trouve aussi dans les mêmes régions des ochres de couleurs très vives.

A Ste-Marie, la vallée se bifurque, se dirigeant à l'ouest vers Grip, au sud-est vers le col d'Aspin. A Grip, schistes micacés maclifères, roches pétrosiliceuses contournées. Au Tourmalet, amiante, grenats noirs, grenat rougeâtre en roche. Au Pic du Midi, par Arises, graphite, tourmalines noires. Au revers, en descendant vers Barèges, porphyre feldspathique, macles, grenats noirs, schistes luisants. Dans la vallée

qui se dirige vers le col d'Aspin et vers le pic d'Arbizon, on trouve à Paillole des carrières de marbre à goniatites, dit marbre de Campan. Au col, de beaux poudingues, des grès rouges, des calcaires avec des impressions de fossiles peut-être se rapportant aux amplexus.

Lhéris. A Gerde, terrain métamorphique, marbre blanc, couzeranites. A Asté, près du premier four à chaux, empreintes de peignes, de gryphées, de bélemnites. Plus loin, le calcaire est fortement métamorphosé ; calcaire fétide, roches ophitiques, serpentineuses, avec fer oligiste. Dans la montagne de Penne-Rouye, vis-à-vis la Penne de Lhéris, calcaire noir avec nérinées et madrépores.

Capvern. On suit la route de Toulouse. Au pied de la première montée on voit des terrains passés à l'état stéatiteux par l'effet du métamorphisme. A droite, un chemin conduit aux Palombières ; au bas, observez dans le bas-fonds des tourbes contenant des nids de fer phosphaté bleu pulvérulent ; aux Palombières de Gerde, de beaux blocs erratiques de quartzite blanc. En reprenant la route de Toulouse, on ne tarde pas à trouver le terrain crétacé ; à la descente de l'Escaledieu, on observe des empreintes de fucoïdes Targioni ; à la montée de Mauvezin, des magmas composés d'une foule de roches ; à Capvern, des craies à silex et des lignites ; à Gourgues, chaux hydrauliques, fossiles propres aux calcaires épi-crétacés.

Orignac. Sur la route, calcaire crétacé bien stratifié. A Orignac : lignite, calcaires à nummulites, huîtres ; plus loin vers le nord, dans les terrains tertiaires, veines de manganèse oxidé pulvérulent.

Ordizan. De Bagnères, traversez le premier pont de l'Adour, avant le second, prenez la gauche ; quand vous aurez atteint la colline, vous trouverez successivement en suivant le sentier : couzeranite, dipyre, quartzite cellulaire, amphibolite, trémolite, talc, diorite, ophite, calcaire cristallin. Cette région est des plus intéressantes. En suivant la route, vous traversez un district granitique, puis des grès calcaires qui, au-delà d'Antist, renferment des térébratules (grès vert?). En continuant à se diriger vers Tarbes, on trouve dans les plaines des collines à droite des sablières où on observe des restes de végétaux.

VALLÉE DU GAVE DE PAU.

Nous prendrons cette vallée à *Lourdes*. Marbre lumachelle rempli de fragments de chamas, de réquiennées, de nérinées, offrant dans le bois de Méniquou des veines et des rognons de jaspe d'un beau rouge sanguin ; ailleurs des ophites d'un vert foncé, des ardoises avec empreintes de fucoïdes. Grottes spacieuses avec ossements, brèches et stalactites. Lac formé par un barrage dû à des amoncellements de moraines inférieures du gla-

cier qui probablement a déposé les blocs erratiques de granite, sur le flanc des montagnes
environnantes et dans la vallée de Batsouriguères.

Vallée de Castelloubon. Ardoisières considérables avec une abondance prodigieuse de pyrites
ferrugineuses. Près du château de Chéous, calcaire coquillier, calcaire métamorphique, ophite.
A Gazost, eaux sulfureuses.

Vallée de Batsouriguères. Calcaire jurassique,
empreintes de cidaris et autres échinodermes.
Un barrage remarquable interrompt le cours des
eaux; il est formé par des blocs erratiques de
granite; c'est à Sègus qu'on peut l'observer.

Vallée d'Argelès. Les plaines et les collines supérieures sont couvertes de galets accumulés par
les alluvions anciennes. Les montagnes appartiennent encore à l'époque jurassique. Fossiles à
Geu; à Pierrefite, la vallée se bifurque.

Cauterets. De Pierrefite à Cauterets se trouvent
les calcaires et les schistes de transition. Les
montagnes à gauche renferment des gîtes de
minéraux que nous avons indiqués précédem-
ment.

Au Montné et à Péguère, fossiles des terrains
anciens. Cette dernière montagne est formée en
partie par les couches redressées de calcaires de

transition, en partie par le granite qui les a soulevées. Observez le contact des deux roches ; c'est en ce lieu qu'on trouve le grenat, l'idocrase, la stilbite, etc. Les vallées de Lutour et de Gérel sont creusées dans le granite. J'ai rencontré la baryte sulfaté dans la dernière vallée.

De Pierrefitte à Gavarnie. Région la plus pittoresque de toute la chaîne pyrénéenne. Au-delà de Pierrefitte, gorge étroite évidemment formée par une grande fente perpendiculaire à l'axe de la chaîne. A mi-côte des montagnes, on observe des amas de cailloux roulés, témoins des alluvions anciennes. On trouvera des formations anciennes composées de calcaires métamorphiques, de roches pétrosiliceuses, talqueuses, etc. Ces roches sont fortement colorées en rouge et en jaune par des suintements d'eaux ferrugineuses. Au pont de la Reine, sur la rive droite du Gave, on remarque des cuivres sulfurés. Plus loin, à gauche et à droite, non loin de Luz et à St-Sauveur, des roches talqueuses verdâtres. La vallée du Bastan s'élève rapidement à l'est de Luz. Etudiez les blocs charriés par les torrents qu'ils amènent des régions supérieures. Toute la composition pyroïde des Pyrénées s'y trouve représentée. Au sud de Barèges s'élèvent les pics d'Ayré, d'Ereslids, de la Piquette, célèbres autrefois par leurs richesses minéralogiques, aujourd'hui presque épuisées. C'est de cette région qu'on rapportait l'amiante, le feldspath cristallisé, l'axinite, le grenat noir, et surtout de magnifiques groupes de cristaux de roche. M. Barzun, pharmacien à Barèges, possède une magnifique collection de ce dernier minéral. Toute la région méridionale de Barèges est occupée par des roches qui ont subi l'influence d'un métamorphisme très énergique. On reprend la vallée de Gavarnie à Luz. Un peu au-delà du pont de St-Sauveur, sur la rive droite du Gave, on traverse le petit torrent de Rioumayou. C'est là qu'on trouvait autrefois le nickel et le bismuth. On peut y recueillir encore de beaux échantillons de stilbite d'un éclat nacré. On dit aussi qu'on y trouve la koupholite. J'estime qu'elle y est fort rare, n'étant jamais parvenu à la rencontrer. Au delà du pont de Sia à droite, on remarque des matières pétrosiliceuses, renfermant de petits cristaux noirs (andalousite? macle?). A Pragnères : schistes maclifères. A Gèdre : gédrite, granite grenatifère et pinitifère, gneiss talqueux; sur les sommités de Brada : terrain de transition avec térébratula prisca, madrépores, peut-être spirifères; au chaos : gneiss, à gauche et plus haut miné de plomb argentifère dans la baryte sulfatée. A Gavarnie : calcaires dolomitiques, grenat en roche, gneiss talqueux, tourmaline dans le granite; grès vert avec ses fossiles, ostrea vesicularis, polypiers, échinodermes, etc. Cirque de Gavarnie : divers étages de la craie, calcaires à hyppurites non loin de la cabane; le cirque est jonché de débris contenant : oursins. ostrea larva et vesicularis , nummulites, orbilolites, etc. Le cirque offre le plus magnifique redressement des masses crétacées , et présente ainsi un phénomène géologique des plus intéressants. On observe le granite en place perçant çà et là depuis Gèdre, en protubérances au fond de la vallée et se perdant enfin sous les immenses strates constitutives du cirque. A la brèche de Rolland, on retrouve des roches calcaires, remplies d'ostrea larva et autres fossiles peu distincts. Au Mont-Perdu on retrouve la nummulite Ramondi en bancs puissants, et sur les bords du lac divers fossiles des terrains crétacés indiqués par Ramond.

En revenant de Gavarnie, on remarque à gauche la *vallée d'Ossoue,* creusée dans le terrain de transition , bordée à gauche, d'abord par des soulèvements granitiques, puis par des montagnes jurassiques (pic Blanc), se terminant dans les bases du Vignemale et dominée par le plus vaste glacier des Pyrénées. A Gèdre, on peut prendre à droite la vallée de Héas. La montagne de Coumélie offre des schistes métamorphiques ; la montée des Gloriettes, la baryte sulfatée. Le Pimené est l'un des plus magnifiques observatoires des Pyrénées pour qui veut contempler tout le Mont-Perdu dans son ordonnance générale. On foule aux pieds une roche verte talqueuse qui mérite examen. Au-delà de Héas, au torrent de Mailhet, on peut faire ample moisson de macles, de graphite. On rencontre des indices

de fossiles au port de la Canau. Le cirque de
Héas, au centre duquel on observe des protubérances granitiques, et qui est lui-même formé
de montagnes jurassiques et de transition, offre
le magnifique spectacle d'un cratère de quatre
lieues de tour. On peut se rendre dans la vallée
d'Aure par le port de Cambiel ; creusé dans
des quartzites et dominé par les cimes du Sti-
bermale. A Aragnouet, on observera un beau
pétrosilex, et dans les environs des galènes engagées dans la chaux fluatée. Les torrents char-
rient de beaux porphyres. En descendant on
trouve à gauche la vallée de Couplan qui atteint
de lacs en lacs aux régions granitiques de Néouvielle. En continuant à suivre la Neste d'Aure,
on trouve une source sulfureuse à Tramezaï-
gues, le manganèse oxidé à Vignec, et tout le
long de la route les schistes de transition très
développés dans la partie moyenne de la chaîne.

LISTE D'OUVRAGES BONS A CONSULTER :

Mémoires de la Société géologique de France.

Idem. de l'Ecole des mines.

Description des gîtes des minerais des Pyrénées, par M. Dietrich. 1786.

Essai sur la minéralogie des monts pyrénéens. par M. Palassou. 1781.

Mémoires pour servir à l'histoire naturelle des Pyrénées, par le même. 1815.

Voyage au Mont-Perdu, par L. Ramond. 1801.

Essai sur la constitution géognostique des Pyrénées. par J. de Charpentier. 1823.

Géologie de la France, par Elie de Beaumont.

Divers mémoires de MM. Lartet, Leymerie, Delhosc, Roulin, Philippe, Daguilard, Lejeune.

Tableau orographique indiquant l'altitude des principaux lieux, la température des eaux thermales, l'échelle de la végétation, etc., par E. Frossard.

Divers *Tableaux en relief*, par le même.

Bagnères-de-Bigorre. — Typ. de P. Plassot